U0813217

# 心理咨询实务

[日]河合隼雄 著

[日]河合俊雄 编
刘曦坤 译
柳泽有美 校

東方出版中心

图书在版编目（CIP）数据

心理咨询实务 /（日）河合隼雄著；刘曦坤译. —
上海：东方出版中心, 2020.6（2021.9重印）
（河合隼雄心灵对话系列）
ISBN 978-7-5473-1649-8

Ⅰ. ①心… Ⅱ. ①河… ②刘… Ⅲ. ①心理咨询
Ⅳ. ①B849.1

中国版本图书馆CIP数据核字（2020）第084928号

上海市版权局著作权合同登记： 图字09-2019-492号

"SHINRI RYOHO" KOREKUSHON
II: KAUNSERINGU NO JISSAI
by Hayao Kawai, edited by Toshio Kawai
with commentary by Kiyokazu Washida
© 2009, 2019 by Kawai Hayao Foundation
Originally published in 2009 by Iwanami Shoten, Publishers, Tokyo.
This simplified Chinese edition published 2020
by Orient Publishing Center, Shanghai
by arrangement with Iwanami Shoten, Publishers, Tokyo

心理咨询实务

著　　者　［日］河合隼雄
编　　者　［日］河合俊雄
译　　者　刘曦坤
责任编辑　刘　军　刘　鑫
封面设计　田松大魔王

出版发行　东方出版中心
地　　址　上海市仙霞路345号
邮政编码　200336
电　　话　021-62417400
印 刷 者　上海盛通时代印刷有限公司

开　　本　787mm × 1092mm　1/32
印　　张　9.25
字　　数　139千字
版　　次　2020年6月第1版
印　　次　2021年9月第2次印刷
定　　价　45.00元

版权所有　侵权必究
如图书有印装质量问题，请寄回本社出版部调换或电话021-62597596联系。

# 译者序

记得第一次阅读河合先生的著作，还是在上世纪 90 年代初的东京。初次接触临床心理学的我，出于对箱庭疗法的好奇，从先生的众多作品中，首先挑了那本《箱庭疗法入门》。当时我的日语水平有限，但先生的文字浅显易懂，即便是一些原本艰涩的心理学理论，先生也总是能用平实而又巧妙的比喻，或是让人会心一笑的幽默言语，一一化解。阅读他的文字，就如同有位睿智而又慈和的长者在你的耳边，用平和舒缓的语调娓娓而谈。我想这也是河合先生的心理学类作品得到众多心理学专业以外的读者喜爱的原因。

我自觉和河合先生是有一种微妙缘分的。当年我从日本回国后从事编辑工作，几乎已经完全放弃了心理学。但 2008 年在同事郑燕女士的提议下，我们开始共同策划河合先生作品的版权购买事宜，为此我专门去东京拜访了岩波书店这家日本出版社，得到了他们的大力支持。此后我以旭子这个笔名参与了《孩子的宇宙》《村上春树去见河合隼雄》等书的编辑、校对出版工作。很开心的是，时隔多年，我得知这套心理学丛书依然很受读者的认可。而我，则因为这个契机又重拾当年所学，在 2012 年作为国家二级心理咨询师正式开始了心理咨询执业之路。匆匆十年，如今能以译者的身份再次与河合先生的文字“亲密接触”于我是个惊喜，为此，非常感谢东方出版中心编辑的信任。

本书是以河合先生的心理咨询讲座为基础整理而成的。河合先生作为日本荣格心理学派的代表人物，对推动日本心理学的发展贡献卓著，从上世纪 60 年代末起，他便以讲座的形式在日本各地普及心理学知识，因听者无数，这类讲座连续举办了几十年，其受欢迎程度可想而知。据说，河合先生是个演讲达人，并且非常爱讲笑话，曾戏称自己是“日本胡说八道协会会长”，想象这样的河合先生，在讲座上妙语连珠，谈论着我们人生中的各种事情，于平常处见精妙，不由得让我遗憾在东京的错过。

幸好还有河合先生的文字。先生著述颇丰。我至今依然忘不了，当初在图书馆看到河合先生的作品整齐排列在一整面墙上的那种震撼，尤为惊讶的是，其中光先生的各种谈话集就有几十卷之多，想来，先生一定是个非常享受与人交谈的人吧。我曾经看到有位日本著名编辑这样形容先生的言谈，说他的话语就像海浪一般，舒缓而强劲，一浪接着一浪，让你不由自主地被裹挟其中。每个接触过他的人，似乎都会被他的智慧、风趣、平和所感染，就如村上春树曾经感叹的那样，和他交谈“总是能感觉到一种逐渐放松了的不可思议的温柔感，就好像整个人都松一口气”。专注的倾听，宽容的接纳，无华而敏锐的言语……这也正是他长年投身心理咨询工作的姿态吧。

正如书名所示,这是一本面向初涉心理咨询工作者的指导书,极具实用性,几乎可以说是河合先生在用他的亲身体验,手把手地教导我们如何走进心理咨询的现场。他完全不吝于将自己在咨询过程中碰到的种种问题一一袒露,比如:面谈时间的设定,不得不打破咨询限制时的为难,主动邀约来访者是否妥当,咨询中断了该如何面对……我相信这类问题,曾使每个从事心理咨询的人困惑不安过,而河合先生的独到见解,常常让人茅塞顿开。虽然进入新世纪以来,心理学发展迅速,各种技术和流派如百家争鸣,但我深深体会到,河合先生在本书中一再强调的是心理咨询最核心最值得反复重温的部分。所谓大道至简,河合先生不断提醒着我们,尊重每一个人,以最大的真诚去倾听和贴近,去发现人的无限可能性,因为心理咨询中没有专家,只有来访者。

可能是由于讲座的关系,书中的文字很是口语化,这让我这个翻译经验有限的人，时常感到难以准确传递先生言谈的巧妙，对于这样的遗憾，深感歉意。但尽管如此，我依然深信，无论是初涉心理咨询行业的人，还是多年从业者，都会在阅读本书的过程中深刻地体会到心理咨询最根本的态度和方向。

刘曦坤

# 前　言

1969 年 4 月开始，大阪心理咨询研究会相继主办了九场名为“心理咨询实务”的心理咨询入门讲座，这本书就是根据我当时的讲演笔记修改而成的。

就心理咨询的“实务”进行写作也许是件不太可能完成的事。就像我在本书中不断强调的，在心理咨询的实操现场会存在太多的二律背反性，企图从中找出一般规则以文字系统地表述出来，我以为是不可能的。在我看来，心理咨询的“实务”其实最适合通过个人对个人的督导来传达。尽管如此，我依然敢于考虑出版这本书，是因为面对日本的心理咨询现状，我觉得不管以什么样的形式或方法，写一本有关心理咨询现场的实际运用方面的书还是非常必要的。

最近，随着日本心理咨询的发展，出现了众多学习者。我有时也会担任有关心理咨询讲座的讲师。这种时候，我经常会感受到，许多人会被某些固有的思维模式束缚，对于如何解决“实际运用问题”感到不知所措。于是,类似这样的问题经常会向我投来——“来访者只要不出声,咨询师是否也一定要保持沉默呢?”“对于来访者的离家出走是不是一定要阻止?”“为什么不可以对来访者的问题一一作答呢?”面对如此种种认真的询问——即使没有确定无疑的答案——我抱着能够稍作解答的想法,开始了这个讲座。作为这个讲座的基础,以京都市心理咨询中心主办的面向京都市教师的“心理咨询入门讲座”为首,我在众多场所进行的宣讲和督导活动中积累的经验得到了运用。

虽然我说过心理咨询的实际运用很难以书面形式来表述,但之所以不担心自己的前后矛盾,反复絮叨,是因为期许着能以此传达咨询的本质,使我们的咨询体验更深入,并进而推动心理咨询逐渐全面发展。也因为这点,考虑到直接面对面的讲座是最为合适的形式,这本书也就以讲演笔记的形式出版了。

虽然基于上述理由，本书以这样的形式呈现给了读者，但演讲毕竟是面向听众的言说，与阅读的文本不同，考虑到这一点，书中必须作大量的修订。如果由此出现了文体表达不统一之处，我衷心希望能够得到读者的谅解。

本书以心理咨询的实际运用问题为聚焦点，没有触及理论性的研究和人性方面的思考。这些方面请参考其他书籍。还有，如果读者有兴趣进一步了解我的想法，可以参阅拙作《荣格心理学入门》。

一本书，并不是仅仅依靠作者一个人的能力就能完成的。对此我一直深有体会。与这本书的出版相关的，有直接给到我帮助的人们，还有提供这本书的依据的体验者们、学习心理咨询的人们以及来访者们，对于他们我由衷感谢！

# 目　录

Contents

**译者序** / 1

**前言** / 1

**第一章　什么是心理咨询** / 1

1. 援助的方法 ······ 3
   心理咨询的出发点 ······ 3
   对于效果的怀疑 ······ 6
2. 心理咨询的目标 ······ 10
   "倾听"的意义 ······ 10
   可能性的发展 ······ 12
3. 对于心理咨询的批评 ······ 17
   "花费了过多的时间" ······ 17
   "还是改变环境好转得更快些" ······ 20
   "不够彻底" ······ 20
   "肯定现状" ······ 22
   "没什么太大效果" ······ 23

第二章 心理咨询的过程 / 27
1. 心理咨询的过程 …………………… 29
社交恐惧症的案例 …………………… 29
来访者的期待 …………………… 34
因心理咨询而引发的恐惧感、
不安感 …………………… 37
2. 最初的面谈 …………………… 42
时间上留有余地 …………………… 42
心理咨询可行性的判断 …………………… 43
3. 没有动机的来访者 …………………… 47
有阻抗态度的人 …………………… 47
"想自己解决问题"的人 …………………… 49
明显无法解决问题的情况 …………………… 51

第三章 心的构造 / 55
1. 自我 …………………… 57
主体性 …………………… 58
同一性 …………………… 59

自己与他人的区别 …………………… 59
整合性 …………………… 60
2. 适应 …………………… 62
意识障碍 …………………… 62
现实检验 …………………… 64
3. 自我防御 …………………… 67
自我防御的意义 …………………… 67
向更高境界的自我的发展 …………………… 69
自我防御和心理咨询的过程 …………………… 71
4. 自性化 …………………… 80
自性化的意义 …………………… 80
无法简单达成的“自性化” …………………… 84

第四章 心理咨询师的态度和理论 / 89
1. 关于心理咨询的二律背反性 …………………… 91
是“治愈”还是“治疗” …………………… 94
“接受”的意义 …………………… 96
与二律背反性的艰苦较量 …………………… 98

2. 态度和理论 …………………… 102
态度和理论的互补性 …………………… 102
有理论就有接纳 …………………… 105
3. 心理咨询师的基本态度 …………………… 108
无条件的积极关注 …………………… 108
共情性理解 …………………… 111
“纯粹” …………………… 115

**第五章 一个案例 / 125**

1. “案例报告”的前提条件 …………………… 127
2. 案例：不去上学的高中一年级学生 …………………… 130
最初的面谈和孩子母亲的特征 …………………… 130
被要求家访咨询 …………………… 134
下决心解决难题 …………………… 137
一起去骑自行车 …………………… 139
心理咨询开始前的事情…… …………………… 141

终于开始正式的面谈 ………………………… 144
被教会了“不能过于乐观” ………………………… 145
虽然下了上学的决心…… ………………………… 147
说“那孩子是不是精神病”的母亲
………………………… 149
忘记了面谈约定的我——它的意义
………………………… 151
离家出走被警察抓到 ………………………… 153
第三学期近在眼前 ………………………… 154
我的咨询对象是他们整个家庭
………………………… 156
心理咨询师的愤怒 ………………………… 159
上学三天后又不去了 ………………………… 161
“想辍学外出打工” ………………………… 163
“为了继承家业而学习技术”的声明
………………………… 164
努力工作成为优秀的青年 ………………………… 167
回顾这个案例 ………………………… 169

第六章 心理咨询的结束和评价 / 171
1. 结束和中断 …………………… 173
中断 …………………… 173
探究事实比过度反省更好 …………………… 178
中断之后怎么办 …………………… 185
“假性中断” …………………… 187
运用心理咨询以外的方法的情况 …………………… 190
2. 结束时的实际问题 …………………… 194
结束的标准 …………………… 194
明显临近结束的情况 …………………… 199
临近结束突然恶化的情况 …………………… 201
3. 评价 …………………… 203

第七章 心理咨询师和来访者的关系 / 207
1. 移情 …………………… 209
弗洛伊德的观点 …………………… 209
移情的本质 …………………… 210

接受移情的是与非 …………………… 214
对移情的态度 …………………… 215
反移情 …………………… 219
2. 心理咨询师和来访者的
关系 …………………… 221
反移情的案例 …………………… 221
如何更恰当地看待反移情 …………………… 225
“开放的态度” …………………… 227
3. 设定界限的意义 …………………… 229
心理咨询师必须严守的界限
…………………… 229
心理咨询师须警惕自恋 …………………… 230
心理咨询师作为人的界限 …………………… 232

第八章 心理咨询师的工作 / 235
1. 心理咨询师的工作 …………………… 237
心理咨询师的基本安定感 …………………… 237
支持安定感的理论 …………………… 238

所谓的"等待才能" …………………… 240
参与的决心和欲望 …………………… 243
严密而正确的观察 …………………… 247
2. 心理咨询师工作的多样性 …………………… 250
通过"分工"进行治疗 …………………… 250
承担多种角色的心理准备 …………………… 251
控制咨询深入的场合 …………………… 254
浅显对话中也蕴含着意义 …………………… 256
也有需要指点的场合 …………………… 258
3. 达成自性化的合作 …………………… 260
被打开的意想不到的发展 …………………… 260
两者的自性化过程 …………………… 262

**解说　像鹤一般**　鹫田清一 / 264

**出版后记**　河合俊雄 / 273

# 第一章

## 什么是心理咨询

# 1. 援助的方法

## 心理咨询的出发点

近年来，在日本，人们对于心理咨询的关注度越来越高。在商业界、教育界，还有宗教界等各个领域，学习心理咨询的大有人在，随着把咨询运用到实际中的人不断增加，心理咨询的讲座也格外盛行。但我在准备讲义的时候，时常感到困难的是，如何把“什么是心理咨询”这件事说清道明。关于心理咨询究竟是怎么一回事，人们各自有不同程度的认识，要把这样一件事明确下来确实有很大难度。但若不明确这个定义，则有可能发生误解，在从事心理咨询的人们之间产生混乱，还有可能让来访者对心理咨询产生无用的阻抗。

虽说如此，但要从正面来给心理咨询下个定义实在太难了，倒不如说说“有哪些不同之处”来得容易些。心理咨询，既不是像师徒之间那样教与被教的关系，也不是像亲子之间那样血脉相连的情感关系，那么说它是站在相同立场上相交的友人关系吧，显然也不确切。因此，首先让我们抛开那些复杂的思考方式，以“心理咨询是当一个人感到苦恼或被问题困扰，并且希望寻求解决时其他人给予的帮助。这个时候，带着苦恼或者问题而来的人就是来访者，给予帮助的人就是心理咨询师”这种常识性的思考方式，作为心理咨询的出发点也许会更好一些。

这里,我想举个例子,在这个例子中的问题也是我曾经被学员问到过的。

一位学过心理咨询的学校老师,在学校开设了心理咨询室,准备进行心理咨询工作。有一次,有位学生来面谈,询问了许多有关他所讲授科目上的问题,作为学校老师,他自然只能一一作答,之后,这个学生又问道:“如果想要学习相关的内容,用什么样的参考书比较好呢?”老师再次给出了回答。当他以为这次的谈话就此结束,这个学生准备离开了时,想不到学生沉默了一会儿后,又开口说道:“老师,其实我……”接着就开始说起了困扰自己的其他烦恼。这时,一直在倾囊相授的老师,忍不住又以心理咨询师的姿态对学生作各种指点:“这样做不就可以了”“你要这样做……”等等,得到帮助的学生很满意地回去了。第二天,这个学生特地来感谢老师,说道:“因为得到老师的各种指点帮助,我的问题顺利解决了。”但接受这番谢意的老师却开始惶惑起来,又跑来问我:“老师,我的言行真的属于心理咨询范畴吗?”

为什么会有这样一问呢?我想大家都是知晓的。“心理咨询”是有一定形式原则可循的,原则以外的作为并不可取。心理咨询不是简单的告诉和指点,这个老师觉得自己对学生的教导似乎与心理咨询原则有悖,他这个问题的背后其实是担心自己进行的并非真正的心理咨询,因而他的指点也是无效的。对此我的回答是:"在你反省自己所做的是否真正的心理咨询之前,可以先想想你所做的是否对那个学生有帮助。"这是一件非常重要的事情。就像我最初所说的,在帮助一个人解决烦恼或者问题的时候,不管怎样,只要是做了有用的事就是被允许的。如果不明确这一点,往往就会拘泥于"我所做的是否真正的心理咨询"这个点了。

简单来说,当有人带着烦恼而来,我想我们首先应该考虑的是:"我为这个人,现在所能做的最妥当的处理是什么?"以这样的方式思考,我们就会发现其实有很多可以做的事。

就我个人而言,在认真思考了这个课题后,首先想到的是那些直接的援助。比如在钱财上困窘的人,可以用钱资助。对找不到工作的人,可以帮他寻找就职的机会。我想,类似这样的处理,肯定是目前来说对这些人所能做的最妥当的处理。

即便是没有这样直接的援助,还有我们经常会做的比如建议、忠告等。对于找不到工作的人,我们虽然没有自己去帮他寻找,但还是会建议他:"你看一下报纸的就职广告栏吧!"或者是说:"试试看请亲戚帮个忙怎么样。"当然有时我们可能也会以严厉"斥责"的方式劝告对方:"别浑浑噩噩了,你要靠自己的能力到处去找找看啊!"

又或者是用另一种处理方式——这也是我们经常使用

的——就是尝试影响环境。比如说，当了解到是来访者的父亲的状态非常不好而引发的问题时，那么就与来访者的父亲见面让他改变态度。又或者，作为改变环境的方法，可以通过转校，换一个工作场所来调整状况。这些方法都有可能带来良好的效果。但细想之下，我们可以发现其中依旧有很多隐蔽的问题。

## 对于效果的怀疑

首先让我想到的是，这样做了以后却不见效果的情况。对于这一点，相信只要为别人稍微热诚做过些事的人，都有类似的经验。举个例子，遇到一个因与父亲的关系恶化，对父亲口出不逊，离家出走的学生，我们会劝告道："你不应该离家出走，再跟父亲好好沟通看看吧！"或者会说："不管你喜不喜欢，先按着父亲说的去试试看怎么样？"类似这样的忠告你一定苦口婆心说了不少次。于是，这个学生就顺口回答你说："那我试试看吧。"但实际上大多数时候都不会照着去做。我记得我也曾经给过很多类似的忠告和建议，但很少有人会照着去做。我还尝试过通过影响环境来推动事态发展，同样常常感到效果甚微。比如，当我怎么都觉得是来访者的父亲出现了问题，于是和那位父亲进行面谈时，结果却被"我家的事就不用您多费心了"这样的气话挡了回来。还有这样的情况，因为担心孩子交友不慎会陷入不良行为之中，便建议家长安排孩子转校，结果转校后孩子还是和不良少年混在了一起。像这样,即使实际上没达到什么效果,但因为也算为对方做了些什么,于是觉得这就是“解决了眼前的事”的人其实并不少。也就是说,很多人会以这样的处理来换得自己的心安理得,认为自己已经为这个学生着想了,做了力所能及的事了——“你看我甚至还特地跑到孩子家里,但实在是这位父亲不怎么样嘛,问题的原因都在这位父亲身上,所以不是我在心理咨询中处理不妥当,我个人已经尽心尽责,按常识正常处理完了。”然而在我看来,那些认为这种常识性的处理方式并没有解决根本问题,始终怀揣着对来访者的好奇心的人,才可以说是在真正做着心理咨询。

那么,除了像这样没有效果的情况以外,即使有效果,对这个效果生出疑问的情形也不在少数。比较简单的例子是,送钱或是借钱解决了对方的燃眉之急,最初当然是满心欢喜的,但随后可能会出现这个人因钱财来得太容易而乱花钱,或是变得不肯脚踏实地工作的情况。也就是说,善意的行为可能不仅达不到预期的效果,还有可能招致不良的后果。这一点让我深切感受到,对于他人的苦恼或问题的解决,我们要给予某种有意义的援助,这样的心意是必须贯穿在我们的咨询工作中不能被遗忘的重要部分。

再比如下面这个例子:有位意气消沉,不想去公司上班的来访者约咨询师面谈,咨询师了解到来访者是因为知道了上司的不正当行为而陷入了心事重重之中,他不断努力想更正上司的不正当行为，却被对方巧妙地搪塞，怎么做都行不通，但把这个上司的真实情况告诉更上层的领导，这种背后告状的事又是他所不屑的，为此他情绪低落不知如何是好。面对这个情况的咨询师认为，改变上司的不正当行为，不仅可以使这位来访者的情绪好转，对这个公司也有益处，便放弃了保密原则，把来访者所说的内容反映到更上层的领导那里，当然，这位领导也接受了咨询师希望将所告知的内容作为秘密的要求。然后这位领导等待机会，抓住一些口实调动了那个存在不正当行为的上司的职位。这样一来，来访者兴冲冲地来对咨询师说："老师，好像那个上司的渎职行为总算是在哪里被发现了，他已经被降职了，我现在也可以心情轻松地去公司了。"但没高兴多久，这位来访者却渐渐比之前更加情绪低落起来，后来陷入了抑郁状态，竟然不愿继续来接受心理咨询了。

这个例子可以让我们深入想想，这位来访者在对上司渎职的苦恼中缠斗，是不是有一个重大的内在意义呢？也就是说，以自己的力量彻底战胜这种苦恼本身才是这个人人生的意义所在。而现在的情形是，由于咨询师迫切想帮助来访者摆脱眼前困境的这种一厢情愿，来访者弥足珍贵的内在意义反而被剥夺了。也就是我们按自己以为的常识做了一件好事，结果反而造成了事态的恶化。而且并非危言耸听，这样的情形一旦应对不好，还有可能由于这类浅薄的善意而导致来访者自杀的严重恶果。这是需要咨询师格外重视的问题，当我们面对来访者的苦恼，如果采取过于简单的处理方式，反而可能会让来访者失去活下去的勇气，所以在心理咨询的实际运用中，我们必须尊重来访者的苦恼。

虽然这是个很极端的例子，但我们可以发现，其实不论是直接的援助、忠告，还是通过影响环境来推动事态发展等都会有众多的疑问随之而来。

而且，即使想做以上这些事却不能做的情况也时有发生。或者，理解了来访者的烦恼或者问题的缘由，但实际上却什么也不能为对方做的情况也真的很多。我们很多时候会感觉到自己越深入思考越是什么也做不了。但即便如此，在以上所举的三种处理方式之外，我们还是可以有所作为的。而这正是心理咨询师所要瞄准的目标——一心一意地去倾听来访者的每一句话。

## 2. 心理咨询的目标

### “倾听”的意义

对来访者的话语全神倾听究竟有什么意义呢？这里我想举个前面提到过的例子，也就是那个大学生的例子。他在面谈中不断叙述对父亲的强烈不满，确实，从他的这番叙述中，咨询师会觉得父亲一方有问题，假如父亲不那么固执，这个家庭可以和顺许多。但究竟事实如何呢？我们可以和来访者的父亲见面来探究他话语中的虚实，也可以不去试图说服他父亲，而是再次倾听他本人的谈话。当我们这样一心一意地把耳朵不断靠近来访者的时候，可以确信的是，在这个咨询现场会出现一些他本人也从不曾注意到的新的可能性。

实际上在那个咨询现场，咨询师听着这个学生的谈话，在他出言对父亲各种攻击之后，他突然短暂地沉默了。然后他说道：“虽然我说了父亲各种坏话，但至今为止为我付学费的是父亲。”这一点确实谈不上是他本人都没有意识到的新的事实，因为这个学生肯定知道学费都是由他的父亲支付的。但即使是知道这件事，当他离家出走时，脑子里除了父亲顽固得不行这个想法之外，根本没有学费这事的影子。人们对于自己的“知道”往往会根据其程度来区别对待。就像在这个例子中，这个学生虽然“知道”父亲为自己付学费的事实,但在攻击父亲的时候,这个事实便被赶到内心某个看不见的小角落里,而当咨询师认真倾听他每句话中的内容时,那个被赶到内心角落里的事实,在狠狠地攻击了父亲之后却怎么也压不住了。这个时候,咨询师需要将父亲顽固而又不讲情理的一面与为孩子努力支付学费的忠厚的一面,同时拿出来进行综合,和来访者一起找到一个崭新的父亲形象,这份努力是咨询师必须做的。因此,那些隐藏在内心一隅几乎要被遗忘的声音,那些用微弱的声音发出的难以听闻的话语,可能都需要我们咨询师俯下身来用心倾听才有可能听到。

这个学生在和咨询师进行了这样的谈话之后,回了一次老家。当他再次来咨询时,他说:"我曾经说了那么多有关父亲的气话,但其实他并不像我说的那样顽固。我跟老师说父亲不理解我,现在想想他也有理解我的时候。"咨询师后来和学生父亲见面时,这个父亲也说道:"最近,我儿子改变了。他竟然会说'谢谢爸爸',这是以前他从来不会说出口的话啊。以前他提着行李回家,一副很理所当然的样子,脸上是谁都不愿搭理的表情。但前几天我送他,递上行李的时候,他对我说'老爸,谢谢',这太让我吃惊了!"如此一来,父亲的态度当然有了改变,随着这种改变,儿子的态度自然也就渐渐转变了。于是,就像这个学生曾经告诉咨询师的那样,出现了"父亲并不是那么顽固,对于我的话他也能够理解"这种向良性方向发展的状态。当然这些都是咨询师之后才知道的事情。

## 可能性的发展

从这个例子中可以看到，最初咨询师听了学生的谈话，会觉得他与顽固的父亲之间摩擦争吵不断，愤而出走也是情有可原的事，但随着温馨的父子关系的重现，问题竟然就这样迎刃而解了。最初连咨询师也不曾想象过的新的可能性就这样自然发生了。而且，这里必须重点强调的是，发现这个可能性的主体是来访者本人，这个可能性并不是按照咨询师的预想或意愿而诞生的产物。虽然之前我曾对建言或者忠告这类援助的效果提出过疑问，但如果是来访者自身对自己的可能性进行深入探寻，那当然担负这个责任的主体也是来访者。就这点而言，我们对于其效果的苦恼自然也会减轻不少。就像这样，当我们抱着倾听的态度做咨询时，那未曾有过的可能性也许就会在来访者的内心深处渐渐滋长起来。但是，等待这样的可能性的出现大多需要不短的时间，很少有一次咨询就能结束的，必须通过反复多次的谈话才可能获得。为此，我们会设定咨询的时长和频率，一小时或者五十分钟，一周一次或者两次，根据情况增加见面次数的情况也很多。咨询效果也因人而异，有的通过一次面谈就大有起色，也有的必须持续三年或者四年不定。

如此一来，我们很容易就会产生疑问：假如只要仔细倾听对方的谈话就会出现可能性,然后来访者就能够自行解决问题,既然有这样的好事,那么为什么大家不这样去做呢？明明可以成就顺达的美事,为什么人们对于他人的话语却偏偏不去倾听呢？关于这个问题,我想之后再详细讲述,但就其中的一个理由,我想在此特别声明一点,这就是我刚才谈到的可能性的含意,其所指的并非全部是良性的可能性。也就是说,这所谓的可能性之中,含有良性的一面,也含有恶性的一面。或者说,不知道是好还是坏,不知会向哪个方向摇摆的事情,我想才应该被称为可能性吧。

可能性当中存在着危险性的这个问题,之后还会提到,我想先举一个例子来说,比如,有个人发觉了上司有不正当行为。这个人如果想到"算了,对这事我也是无能为力啊"便放弃了追究的话,自然什么事也不会发生。这样处理是好是坏暂且不说,但确实是不起风浪了。然而,如果这个人开始想要做些什么的话,就会产生与上司怎样交谈比较合适,沟通之后被无视了该怎么处理等接踵而来的各种问题。在这个过程中,随着这个人不断应对这些问题,他有可能促使自身之中某种可能性逐渐发展起来,但稍不留神,也有可能面临不可知的失败。比如他是否会突然情绪失控对着上司挥出拳头,或者也有可能是在他到处传播了不利于上司的言语之后,迫于上司的压力而无奈辞职。总之,我所指的"可能性",包括了所有这些可能发生的事情。在这些正向的可能性和负向的可能性全都包含的存在当中,单单要找出正向的可能性显然不是一件容易的事。于是,人们为了得到正向结果,在不得已中宁可暂且去忍耐负面结果的情况也不鲜见。不管怎样,其实大多数人并不想走上这座危险的桥。因为想着“这也是无可奈何”的话,某种程度上事情就可以平稳过渡。正是基于这样的考虑,一般而言,希望事情能平稳过渡的心情自然比倾听他人的可能性来得强烈,这可能也是情有可原的吧。

实际上,我们一边说着“向目标前进一步”,一边内心深处并不愿破坏已有的成果,不管怎样希望那些难以预测的事情不要发生就好。因此,如果毫无界限地听取他人的话语,我们担心这些话语中跳出的是我们始料未及的内容。通常我们和他人交流沟通时,会把谈话内容限制在一定范围之内。说得严厉些,闭上眼睛不去看,以此抹杀新的可能性,是我们的惯常处理方式。比如,说着“现实就是如此,你还是放弃吧!”草率地让这件事收场。或者是听了学生的谈话后,抱着“父亲有错”的想法去跟学生父亲见面,然后认为“确实是父亲很顽固,像这个样子说什么也是没用的”,就以此作为评估做了了结。显然如此这般的处理,对于问题只不过是个“暂且的处理”,而远非真正意义上的解决。

但是,像我现在所说的这些,可能也有其存在的合理性。当你倾听别人的话语时,你不知道听到的是正面的好的,还是负面的坏的,因此宁可不要去听,以免触碰到那些谈话中出现的让人可能受伤的可能性。当你以若无其事的心态去听取别人的谈话，却被谈话内容中的负能量吓跑了的话，那么不如像刚才说的，你还是以不痛不痒的方式来处理可能还说得过去些。正是由于认真倾听他人的话是件非常不容易的事，所以我们咨询师需要在隔音效果好的房间里，一对一地面对来访者，在预定时间与来访者见面，并且严守来访者的秘密。也许按照合乎常识的考虑，既然是为了帮助他人，那么就应该全力以赴，不论多长时间，不论在什么时候，不论在什么地方都应该做这个咨询。但实则相反，正是因为倾听来访者的话语是如此重要而困难的工作，所以才有了设置间隔时间、决定合适场所这些规则。

把至今所说的内容简单做个归纳。显然，我们咨询中的首要目标，与普通人所希望的尽快解决问题大为不同，我们的工作是关注来访者隐藏在心底的那个可能性，由此促发来访者自我探索的努力，让自己的可能性得到不断成长，这可以说是我们逐渐解决问题的关键点。在这里我虽然用“首要目标”来表述，但在实际过程中，其实除了这个首要目标之外我们也需要做很多其他事情。让我们再次思考一下最初提到过的“那个时候这无疑是最妥当的处理方法”这一点，我们可以认为，那些直接的援助，或者忠告、建议等也都是由当时情境自发产生的。或者，还有比等待来访者本人的可能性的出现更需要以环境转换来推动的时候。当然，对于我们咨询师来说，首先不能忘记的还是咨询中的首要目标在哪里。在实际案例中，这类问题究竟会以什么样的形式与纠葛出现,我在后文还会反复提到。

即使我们以这样的思索进行咨询,对此的批评也依然不会在少数,所以这里,我想就一般可能有的批评谈谈我的想法。

## 3. 对于心理咨询的批评

### “花费了过多的时间”

对于咨询的批评，首当其冲的是“花费了过多的时间”这一条。就以班级中的那些问题少年来说，解决这类困境可是需要立竿见影看到效果的，怎么还有时间悠悠然地一周见一次呢？这么慢条斯理哪能让人坐得住啊！还有那些职场中为各种压力苦恼而无心工作的人，虽然通过咨询关注自身的可能性会很有助益，但这个可能性什么时候出现谁都不知道，这让人很难持有耐心等下去。显然没有更快速的方法来解决问题是针对心理咨询的批评之一。对于这类意见，我之后还会再细说我的想法。这里，我想首先强调的是，也许我们不能忘记，心理咨询本身就是件很容易让人产生焦虑的事情。

一想到需要心理咨询，基本上来访者周围的很多人就会感到焦灼不安起来。面对带有问题的那个人，他周围的人一边想着：“可以为他做些什么呢？”“这确实是件棘手的事啊！”一边如我之前所说的，已经把这整件事情按自己的心意在内心做了一番整理，然后思考着该如何尽快处理掉。就像上述那个例子那样，以“就是父亲的问题造成的”“这是天生的性格问题，也是无可奈何啊！”来草草处理的情况不在少数。如此一来，心理咨询最开始设定的对于可能性的关注这一点就被破坏了。于是,之后将会发生什么变得模糊未知。而因为这个未知,周围的人不免都会受到焦躁情绪的影响。再从另一方面来说,当别人遭受困扰的时候,谁都会油然而生一种助其一臂之力的想法。在这个层面上,如果心理咨询师带着自己是唯一可以帮助到来访者的人这种自以为是的心态去工作的话,这种自恋难免会冒出点酸溜溜的味道来,焦躁的情绪也由之而起。的确,心理咨询师对于他人内心的涌动必须是敏感的,但有时候,如果把咨询想得过于容易,一旦这种自大的想法在心里扎了根,很可能就会忽略了来访者和他周围的人们是怎样难抑烦恼不安的那种重要感受。

从这个原因分析中我们可以发现,关于心理咨询的批评的背后,常常隐藏着这类预期没有得到满足的焦躁。比如指责“花费了过多的时间”的人们的心中,埋怨的并不是心理咨询用时过长这个事实,而是如之前所说的,更多想表达的是这份焦躁的情绪。这个时候,如果这个心理咨询师对于自己所从事的工作的影响力有相当自觉的话,他首先要做好的是,接纳这类批评指责者的情绪。在做好这些必要的努力之后,相信很多人会收回对咨询师的指责,并开始慢慢理解心理咨询是怎么一回事,从而配合咨询师的工作。

我们的话题好像有点偏离了轨道,那么回到关于咨询时间过于冗长的批评上来,如果从正面回答的话,应该可以这样说吧——“要做一件好事情总是要耗费时间的。”不是吗？每件好事情都需要花时间去等待，需要付出金钱，这可是理所当然的事情。比如，有位艺术家穷其一生努力完成了自己的作品，这件用漫长时间打磨雕琢的作品无疑是杰出的，如果跟这个艺术家说，我定制一件艺术品，你花个两三天来完成吧，可想而知这个艺术家会如何愤怒。而我们咨询的首要目标，是关注来访者的可能性，这是无论如何都必须要花费时间的工作。确实，要花费大量的时间是件很遗憾的事，但也是无可奈何的。

当然即便如此，花费大量的时间完成工作也并不是一件值得炫耀的事，记住这点颇为重要。比如有的人几乎快要饿死了，饥不择食，只想弄点吃的填饱肚子。这个时候，你如果对他说："现在我们会招待一餐丰盛的美食给你，只是，因为需要做各种准备，所以请你等待两三天吧。"那么这个人一定会大叫道："我不要什么丰盛美食啊！不管什么东西，只要现在就能拿给我吃就行啊！"我们作为心理咨询师如果忽略这一点的话是不能被允许的。根据每个来访者的状况，思考并选择能为这个人做的最妥当的方式，这就是我直到现在都在反复强调的，咨询中因为某些状况不得不舍弃首要目标的理由。虽然我是以心理咨询为专业，但也从不认为生活中什么事都要围绕心理咨询展开。

比起长时间的心理咨询，有时候更有必要做一些当下有能力做的事。咨询中有可能发生这样的情况，就是乍看似乎成功了，但从这之后的结果来看由于对可能性的拓展和深入的探索视而不见，这种成功便犹如昙花一现，成了一时性的成果。因此，不论对方怎么急迫要求你尽快解决问题，从我们来说还是有必要认定这份工作是需要花费时间的。实际上，当我们同来访者见面时，就要判断来访者是怎样一个状况，两个人该以什么样的方式来共同面对。这是个庞大的工作需要花费时间，还是这个工作尽管有必要做些限制，仍要尽快地解决问题，相关的这些决定是迫切而且必需的。

## “还是改变环境好转得更快些”

这个指责与对于耗费时间过多的批评异曲同工，觉得以改变环境的方式解决问题，远比用大把的时间和来访者本人面谈更为快速有效。与之前所说的时间问题相同，这类批评认为心理咨询师与其做大量的工作，等待来访者以自身的能力探寻可能性的成长，还不如把精力用在改变来访者周围的环境上。然而，当我们一边想着“看来是不得不改变一下环境了”，一边依然耐下心来工作着，那么当来访者以自己的能力向着解决问题的方向转变时，我们就会感到自己的忍耐果然得到了很好的回馈。

## “不够彻底”

在有关心理咨询的批评声中，“不够彻底”也是我们经常听到的一条。人们认为只是以平和的神态听着对方的谈话，这样的方式很是温暾，难以收效。反而是严厉的训斥，甚至必要的时候使用暴力，这样的教育才是立竿见影且非常重要的，与此相对，心理咨询的效果实在是磨磨蹭蹭，太不明显了。这样的批评，我想是来自那些对咨询实际状况的了解并不充分的人。心理咨询并非如他们想象的那样含糊拖拉，接受过咨询的人就会明白这一点。就以上述那个例子来看，来访者说自己的父亲顽固，咨询师随着来访者的话语淡淡地说“是啊”，来访者必然要随着这声感叹继续说下去，不论他接着说什么，咨询师都会在那里安静地倾听，结果，来访者自己谈到了学费是由父亲承担的事。这里如果咨询师不插入自己的意见的话，来访者就必须一个人独自面对他自己挖掘出的事实。从外在看咨询师似乎什么也没有做，但正是这样温和的处理，严格遵守了与来访者共同去直面其自身问题的原则，这整个过程使得咨询的内核发生了变化。虽说严格，但这与通常大家理解的严格含义大为不同。如果说斥责、体罚这类是一种外向的严格方式的话，那么咨询肯定可以说是一种内在的严格方式。比如说你是一个来访者，当你向咨询师叙述你有些什么缺点时，咨询师对此既不做好坏的评判，也不安慰你，只是倾听并接纳你对自己缺点所持有的想法，请你想象一下这个场景：这个时候作为来访者的你，不能含糊其词地敷衍，于是只能体会与自己的缺点正面交锋的感受。也就是说，心理咨询的作为并不在于用什么方法解除来访者的烦恼或痛苦，而是帮助以往时常回避这些烦恼和痛苦的来访者,使其可以逐渐面对这些苦恼,而只有当我们可以直面问题,才有可能去克服它。

当然,实际上花费大量时间,而且拖拉磨蹭的咨询并不能说没有,这就是我们之前所说的,在倾听来访者谈话的同时,却欠缺对内在探寻的执着,以轻易的同情态度来对待咨询的结果。当来访者叙述“我身上有这样的缺点”的时候,“人嘛,有这样的问题是理所当然的,你没有必要这么担心!”当这种宽慰的态度在咨询中强化后,来访者确实得到了安心,但这份安心感,会在离开咨询之后消失,于是对那个问题的不安重现,又再次寻求咨询师的安慰,以此找回安心感。类似这种情况的反复,不仅使得咨询绵延,也难以看到进步,变成一场磨蹭而且不彻底的咨询。鉴于这样的情况,我觉得对于人们咨询不够彻底的批评,咨询师必须要有足够的反省。

## “肯定现状”

接下来谈谈批评心理咨询是让人肯定现状的观点。当来访者谈到生活窘困的时候,我们不以“那你要更加努力工作!”“创造一个来钱快的社会”这些话来应对,而是说着:“生活很困难吧。”这似乎是在肯定这个人的问题而不是改善问题。这种批评的声音认为,心理咨询所做的是,如果贫穷就安于贫穷,如果父亲顽固,那么就忍耐这种状态,这种接受一切的生活态度就是咨询师锁定的咨询目标。对于这种否定的指责,我认为完全是误解。不过,产生这样的误解,我想也是情有可原的。因为对来访者的言谈事无巨细地倾听,看上去确实有点全盘肯定的样子。当然这并非我们咨询的全貌,最初的这种倾听的意义,首先是对来访者状况的明确认识和了解,通过在谈话过程中认识来访者的现状,才能逐渐靠近并发现新的可能性。只是来访者究竟能挖掘出怎样的可能性,还要看来访者自身的觉察能力如何,而为了改进现状一定要用某种方法,或者必须拥有目的性的主张,这在我们的咨询中是不成立的。这一点,在那些认为需要基于一定的主张来改变现状的人们看来,可能会觉得效果远远不够。然而即使这样,我也不认为批评心理咨询就是主张肯定现状这个观点是正确的。

## “没什么太大效果”

最后是有人对心理咨询效果不显著的批评。确实,因为在学校里聘请了心理咨询师,不良行为、流氓行为从此就销声匿迹;因为在公司里设置了心理咨询室,迟到者或者懈怠的员工就不再出现,我想这样极端的事情是很难发生的吧。所以当有人投诉“怎么看不到什么显著的效果”时,我很想这样回答他,因为这不是可以用特效药来发挥效果的事情啊!

实际上,依我的经验看来,人这种生物不会毫无节制地过度变化。我并不认为通过心理咨询可以使任何事情都向好的方向发展,但当人们质疑心理咨询是否有效果时,我依然想说肯定是有效果的。那么,人们头脑中为什么会产生这样的混乱呢?我想这可能与某些过度宣传有关。当心理咨询发挥出了预想以外的显著效果时,人们为此欣喜难抑,然后便想当然地以为“所有的事情”都可以好转了。我们在学校或者公司里设立心理咨询室时,往往对效果的提升会过度强调,我想这反而会让人心生反感,于是,一旦稍有挫折就会遭到“看不到什么明显效果”的指责。心理咨询这件事,在进展顺利的时候真的是极出色的,但无奈并不是经常能这么顺利。我自己经历了多年心理咨询工作,也会有“效果推进怎么会这么困难呢”的感慨。既然如此,那么为何还要进行心理咨询呢?对于这样的追问,我想我只能报以这样的回答——此时此刻,没有比这更好的方法了,这是我最妥当的处理。事实上,我在帮助别人解决烦恼和问题时是用了各种各样方法的,有直接的援助,有忠告或者建议,有时是运用环境的助力。这些方法不乏颇见效果的时候,但总是感觉不顺利的情况事实上也不在少数。这种时候,我屡屡体会到心理咨询只能是缓缓前行,就像古训说的“欲速则不达”。心理咨询这件事既不是魔法也不是特效药,不可能说有了它就可以让诸多烦恼迎刃而解。但即便如此,我依然认为心理咨询是有它存在的足够意义和必要的。

那些说“心理咨询过分耗时没什么用处”的,那些指责

“心理咨询效果不显著”的大多数人,实际上却好像大多也并没有尝试过替代心理咨询的其他努力。在这些人中,就如我之前所描述的,他们在内心已经把事情做了一番适当的处理,然后就认为把麻烦解决了,当心理咨询动摇了他们这种好不容易建立的自以为是的安定时,他们便把一腔不满都发泄到了心理咨询头上。

摒弃类似这样将他人的事情随意胡乱猜测的行为,我们身为心理咨询师,首先还是不能对心理咨询的那个既定目标过于执着,而应该尽力采取最妥善的处理方法。当然,“做当下最妥当的处理”是一直通用的正确规则。但即便如此,类似这样的规则在实际运用中有时也不见得有什么效用。比如来访者对是否该离婚感到困惑迷茫,为何去何从而来面谈的时候,心理咨询师如果抱着“我就尽我所能做到最好就可以了”的心思开始面谈,可能会因不知如何入手而束手无策,这种情况下,最简单的事情就是要明白“无论如何都先从倾听开始”这个基本要领,认真听取来访者的话语。一般来说,只要你能够把到嘴边想说的话忍住,从始至终倾听对方的话,大多数来访者会在把方方面面的事都说出来之后,咨询结束时自己说道:“我不准备离婚了!”可以说,在这类咨询过程中,教会大家以“无论如何都先从倾听开始”比“做最妥当的处理”这个通用的规则更有实际效用。从这个意义上来说,我们做心理咨询,在保持做最妥当的处理这个基本姿态的同时，还要不拘泥于此，说得更具体些，就是一定要牢记这些看似有点笨拙的工作要领，比如，“尽量不要去动用环境”，或者“无论如何先从倾听开始”等等。学习心理咨询，就要循序渐进地掌握一些具体的方法，反过来也要谨慎防止过于注重细节上的技巧，必须记住对于咨询至关重要的一点是，你不能失去回归咨询基本姿态的初心，即使为此没有过多讲究这些所谓的咨询技术。

# 第二章

## 心理咨询的过程

## 1. 心理咨询的过程

我想简单说明一下一个心理咨询从开始到结束的过程。在说明的时候，我会举一些简单的案例，以便大家更好地理解咨询的过程。

说到举一些案例，我们会发现，哪怕是那些处理过许多案例的咨询师，在向他人说明时所用到的案例也都是一些耳熟能详或是看来很相似的例子。这反映了这一事实：我们经常作为典型来举出的案例其实就是那么几个。我接下来将要提到的例子，也是这些常见案例中的一个。听多了这类案例的人，很容易产生一种在实际操作中，自己碰见的情况也会如案例一样顺利进行的想法。然而，当我们真的自己来应对这些案例时，就会发现事情并不会如老师说的那样进展顺利。这时候，不太自信的人就会开始否定自己的能力，而对自己足够肯定的人，则会开始怀疑老师的言论和判断。在我看来，之所以会发生这些情况，原因就在于人们并没有意识到典型案例其实是少见的这一事实。现在，我希望各位能将这个事实印在脑海里，再来听我说明以下这个案例。

### 社交恐惧症的案例

如果要对这个诊断取名的话，我想“社交恐惧症的案例”会是个恰当的名字。我先做个简单描述，这个案例的来访者是一名女大学生，她告诉我，她对他人感到恐惧，不想与人相处，因此拒绝外出，也不再去学校。除此之外，她还告诉我，她在日常生活中经常突然感觉到地震要发生了，于是立刻从房间里冲出去，但很快发现那只不过是她的错觉，而这种错觉她在一天内就要经历好几次。在这种情况下，我们会说这个来访者，是有这样的烦恼，有这样的问题，所以来寻求心理咨询师的帮助，而如果是医生的话，则会直接将来访者的问题诊断为患有社交恐惧症。

一般而言，来访者的目的就是消除烦恼，解决问题，或者是使症状得到尽快处理并解除（参照图 1）。通常情况下，像这样的来访者，在结束了倾诉后，几乎可以说是必然会追问“我究竟该怎么办才好”。这种追问充分表明了来访者所迫切希望的是能够从咨询师这里得到一个尽快解决问题的良方。然而，就像我在前一章所提到的，咨询师往往更关注问题背后隐藏着的各种可能性，基于此，我们在面对来访者时会采取倾听的姿态，希望他们就自己的情况能够说得更多更详细一些。有意思的是，虽然来访者的目的是想要尽快消除自己的烦恼，但当我们摆出倾听的姿态时，他们中大部分人会不由得说出更多关于自身的种种话题。这时候，我们会发现，即使来访者最初的目的是希望从咨询师这里得到有效的意见，从而解决问题，但在经过一系列的倾诉后，他们已经在不知不觉间从叙述自己的烦恼本身，转变为详细叙述造成问题的缘由和经过。咨询师在这种情况下并不需要再继续提问，因为来访者会自己开口将对话进行下去。

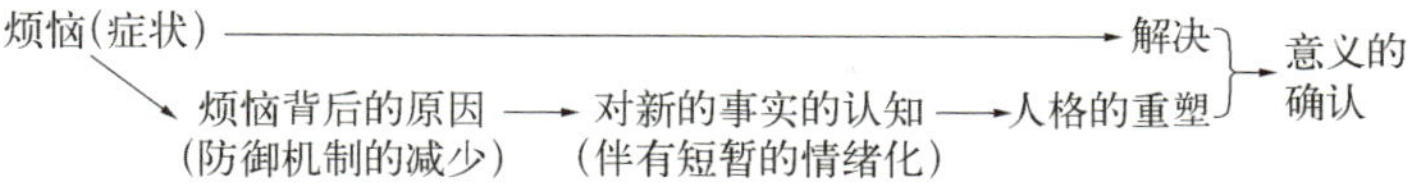


**图 1　心理咨询的过程**

比如说，在这个女大学生的案例中，她在说明了自己不敢外出，对他人感到恐惧的烦恼后，也叙述了自己生长于怎样的家庭环境，以及抱着怎样的理想来到大学学习。随着对话逐渐深入到烦恼背后的原因，我们更应该采取用心专注倾听的姿态，如此一来，来访者就会更加有倾诉欲。像案例中的这个女大学生，她很快就谈及原来她以为自己是害怕他人，但实际上她真正感到恐惧的对象是男学生。也就是说，她在叙述更多内容的过程中，自己也意识到了一些新的事实。对她而言，将坐在自己旁边的男学生视为男性，是一件令她感到非常羞耻的事情，更准确地说，她对于自己无法将一起学习的人视为普通同学，反而将他们看作是异性这件事感到羞耻。随着谈话的深入，来访者在变得情绪化的同时也会对事情产生新的认知。这种时候，很多来访者会开始宣泄他们一直压抑在心底的情感，甚至还会禁不住流下眼泪。

在之后和这个女大学生的交谈中，她告诉我她真正害怕的对象就是那些男同学,但其实在她的高中时代,她完全不像现在这样,反而和那些男同学打成一片,不过这是因为她当时只是将他们视为自己的朋友而非异性,所以才能如此坦然相处。在将这些心里话都告诉了我之后,她在第五次来咨询时对我说:“老师,我之前和你说的那些问题,现在就像是假的,从没发生过一样,我觉得我已经全好了。”我问她发生了什么,她回答我,她最近已经能够正常去学校了,也不再突然感觉会有地震发生;不仅如此,在学校里她也交到了新的朋友,而且这个朋友还是一个男生。原本因为不敢去学校而烦恼的来访者,在经历了几次的心理咨询后,已经可以带着新的情绪走出家门,同时,她还在学校里新交到了一个异性朋友。像这种情况发生了变化后,可以看得出,实际上来访者已经解决了最初的烦恼,她已经没有对人恐惧的症状,也不再担惊受怕于可能突然发生的地震了。

我们的心理咨询到这一步可以说已经结束了,但如果我们把这整个过程从头梳理一遍,就会发现,虽然这位来访者最初对自己的问题深感困扰,但通过心理咨询,她不仅仅解决了之前的烦恼,更达到了超出预期的效果。也就是说,这个来访者从一个对接触异性感到抗拒,并且拒绝尝试去思考和接受这个状态的女大学生,变成了一个敢于直面问题,承认自己内心深处有对异性的渴望的人,这让她最终找到了一种能够交到男性朋友的、属于自己的生活方式。由此,我们可以说,这个人在原有的人格基础上,产生了新的自我认知,于是她的人格就向着更高层次进行了新的整合。如果说来访者最初的目的在于得到一个能够快速、有效地消除烦恼的方法,那么现在她所获得的显然和预期的已经有所不同,我认为,她真正解决的是关乎她人格发展的问题,以及存在于她烦恼背后的可能性,由此完成了她人格的新的整合。

这次咨询的全过程到这里就结束了,但事实上,我有时候会觉得在这之后,我们还可以再补充一些内容,那就是在咨询结束后告诉这个来访者:“最初你因为对人恐惧而感到烦恼,但在和我交流的过程中,你逐渐克服了这种恐惧,也能够去学校了,但你真正做到的并非只是这些,还有你对异性态度的转变,或者说,你已经找到作为一个女性生活下去的方法了。”我想说的是,如果能够通过这种沟通,让来访者认识到他究竟做到了什么,或者说让来访者明白他的烦恼究竟意味着什么,这会让我感到更欣慰和释然。

在这个学生的案例中,她很快就解决了自身的烦恼,在我想要和她沟通确认烦恼的意义之前,她就已经不再来访了,如此一来,由我去强行和她解释这种意义又显得很没有必要,因此我们之间也就没有进行过这样的沟通,便直接结束了心理咨询。意外的是,在那之后我收到了来自这个学生的感谢信,信上写道:“通过老师的心理咨询,我的问题很快就得到了解决,这使我感到很高兴,如今回想起来甚至有种不真实感,让我感到不可思议,想不明白自己为什么会在那个时候产生那样奇怪的毛病。”我很快给她寄出了回信，但当时在我看来，和她沟通我前文所述的关于烦恼的意义的确认，对于现阶段来说还太早了些。因为如果在这时候就和她提到如此深入的话题，一不小心就可能不仅没有把事情说清楚，还可能使她感到不安，所以我在回信中告诉她：“虽然你对此感到不可思议，但是人生中碰到的许多问题都是看似奇怪，却有其道理。在我想来，发生在你身上的这件事也一定有其深刻的意义。因此我至今仍在思考，那个诞生于你心中，甚至需要通过地震来引起你警觉的究竟是什么。”我通过这种方式，可以说是将意义的确认这件事作为作业，留给了来访者，并且以此方式结束了这个案例。

就如我所举的这个例子，在实际操作中，心理咨询可以有各种不同的结束方式，而对我来说，能够在最后和来访者确认过烦恼的意义再做告别，这个方式是最令我感到心情舒畅的。

## 来访者的期待

如果单从之前的叙述来看，关于心理咨询的整个过程似乎就只有这些内容。如此一来，似乎就这个话题而言，已经没有什么额外需要补充的了，但事实上，关于心理咨询需要去解释说明的部分还有许多。就拿我们之前简单提到的“烦恼背后的原因→全新的认知”这一点来说，在这两者的变化过程中其实存在着非常难解而细致的阶段。又或者，在咨询过程中会发生有时需要进几步，而有时则需要退几步的情况。因此,关于心理咨询这个话题,我们当然可以说它的基本框架就是如此,但接下来我想更多地去说明一些更细节的问题。不过,想要一次性将全部问题都解释清楚是不可能的,所以现在我想把解说的重点放在整个过程最开始的部分,而关于后续的部分,则以后再讲解。

首先需要思考的一个问题是,来找我们咨询的来访者所期待的事,和我们心理咨询师所想要达成的事,这两者其实并不是完全一致的。来访者并非想要改变自己的人格,他们希望的是能尽快解决自己的问题,消除烦恼。举例来说,如果是抱有对人恐惧的烦恼因而出不了家门的人,他所求的便是只要有办法让他明天就能够走出家门,哪怕是巫术什么的他也愿意接受。然而就像我一直所强调的,正是因为心理咨询师知道这世上并不存在可以直接解决来访者问题的良策,他们才会想要将焦点对准烦恼背后的深层原因。在实际操作中,我们会发现只要咨询师以全然倾听的姿态,来访者自己就会主动将话题延伸到这方面来,但这其实已经和他们最初所期待的事态发展产生了偏差。我们身为心理咨询师必须对此有清楚的认识。因为如果不是这样的话,一旦来访者明显地察觉到这种偏差,很可能之后都不会再来接受心理咨询了。因为对于来访者来说,明明自己是为了尽快消除烦恼而来接受心理咨询的,然而心理咨询师却只是听着,不发表任何意见,这会让他怀疑,这个心理咨询师是不是对自己的能力没有信心,又或者,这个心理咨询师是不是不够可靠，这种想法会让来访者对心理咨询师丧失信心，从而中断心理咨询。如果心理咨询师对这种状况有所了解，那么必要的时候，遇到来访者对这种偏差产生疑惑，便可以就这个偏差的问题和来访者进行沟通。来访者的疑惑态度可以从他的言行中清楚地观察到，比如表现不满的举动，谈话变得无聊、没有内容，不断抛出一些问题，又或者是再次来时迟到……遇到这些情况，我们可以与来访者讨论："是不是有什么不满的感觉呢?"对于迟到的人，可以试着询问："上次的谈话，是不是有让你感到不舒服的地方?"当来访者叙述自己的不满时，我们在完全接纳的同时，也有必要对可能发生的偏差一一做出适当的解释。

但一般而言，实际操作中大多没有这样解释的必要。就以刚才所举的那个案例来说，我完全倾听的态度，让对方开始很自然地述说起自己的家庭状况、对男生所抱有的想法等等，来访者在不知不觉中，走上了心理咨询师的轨道，对于这样走上轨道的人没有必要做过多的解释。之所以这样说，是因为心理咨询现场所做的这些，使得来访者在体验中对心理咨询的目的逐渐开始了解了。对于这样的来访者，我们可以诚恳地传达这样的心意："你的问题很复杂，我也不能立刻给你回答。但是，我们两个人就像现在这样进行对话讨论的话是可以解决问题的，所以希望下次我们继续交流，你能来吗?"大多数的来访者会约定下次的面谈时间。而实际上，像这样的解释越少越好。因为要让来访者真正理解问题的根源,体验的方式无疑远胜于用语言来说明。而且,心理咨询师可能会在不知不觉中运用不恰当的解释来作为自我防御,这个现象必须引起注意。

对第二次面谈迟到的人,询问初次的印象。“我一心想尽快治好,所以说了这么多,但老师就这么听着,感觉很是扫兴,觉得说了也没用。”当来访者这样回答时,急于说明心理咨询是怎么回事是很不妥当的做法。不管你怎么热心地解释,这个来访者都会认为,这个心理咨询师是在为自己辩护。遇到这种情况,首要的是完全接纳来访者的这种不满的感受。坦诚地承认来访者的不满,即使来访者不太理解心理咨询是怎么回事,但这种接纳的态度,会让他感受到哪怕说了让心理咨询师听起来不舒服的话,也是可以被接受的,这样一个可以充分交流、畅所欲言的人是可以信赖的。于是,随着与来访者面谈的持续,心理咨询得到推进。当然也有的人需要理论性的解释。有这样一类来访者,如果没有一定程度的理性理解,他们会对事物的存在和发展感到不安,因而失去探究下去的兴趣,对于这样的人,给出理论性的解释会更有帮助。总之,解释的进行与否,完全是因人而异的,关键是跟随来访者的状态。

## 因心理咨询而引发的恐惧感、不安感

接着我想谈谈,在接受心理咨询过程中来访者内心产生的恐惧感或不安感。

我们简单谈了关于来访者烦恼背后的原因和问题，伴随情绪化而来的新的认知等，而对于这样的体验，大多数来访者的内心都会产生一种不安感或恐惧感。就以刚才的女大学生的例子来看，她在意识层面希望自己不把男同学作为异性看待，一心专注于学习就好，但在她的内心深处存在着把男同学视为异性的欲望冲动，这让她深感恐惧。如果承认自己的欲望，她不知道之后该怎么办，或者说，她不确定这样的自己是否会被认为是个轻浮的女性，这种不安开始强烈地折磨她。心理咨询就是在述说着这种不安的同时克服不安感，促使这位女性的人格逐渐发展的。这样探寻和发展新的认知对心理咨询无疑是值得期待的，并且必要的，但这只是从旁观者的角度而言，对于来访者本人而言，首先感受到的却是这种不安或恐惧感。

比如，来访者说："我非常恨我的父亲。"到最后甚至来一句："那种父亲还是死了算了！"当来访者脱口说出这样的话，会陷入什么也说不出来的情绪之中。这一刻，来访者的心情是极其复杂的：至今为止从未对人说过的心里话，有人听到了，似乎心情放松了一些；但随之又有了说了不该说的话的不安。心理咨询师如果对来访者体验到的这两种情绪浑然不知，对新出现的事态过于乐观，就会错过来访者所感受到的不安感。因此，当来访者不想讨论什么，或者话在嘴边却怎么也说不出口的时候，心理咨询师对这个状态要特别尊重。尊重来访者内心的矛盾纠结，与其步调保持一致。

为此，就像最初简单提到过的，“烦恼→烦恼背后的原因”这个过程的产生，需要几次重复的面谈。甚至有时候，好不容易觉得有关背后原因的谈话已经结束了，结果又开始叙述之前症状的反复情况也会发生。就如刚才所说的，对于这些来访者在探索和发展新的认知时所产生并感受到的不安、痛苦，心理咨询师要有清楚的了解，这样才能跟随来访者的这些变化做出反应。

来访者的自我防御逐渐减少，并向发现新的认知过渡，在这个心理咨询正常进展的过程中，来访者的症状却恶化了，这是我常常会遇到的情况。我所举的第一个例子因为简单，没有发生这样的情况，但在困难的个案中，来访者对心理咨询师袒露了自己内心从不曾触及的深层问题后，反而会害怕加剧，比如之前不能去学校但还能外出购物，现在连这也做不到了，症状看似更趋恶化。这种情况不仅在心理咨询中，游戏疗法中也会出现，曾有个来访者的母亲对我抱怨过：“来这里接受治疗后，反而情况更不好了。”但这种时候，如果心理咨询师能够心中有数，相信即使症状有恶化，来访者的内在状况是会随着心理咨询有所进展的，那么就能够平静接纳来访者的这种抱怨。

事实上，来访者来到心理咨询师面前坐下，然后说出，“老师，我的状态比之前更差了”。心理咨询师要正面接受这一点，最初确实是件非常困难的事。可能心理咨询师嘴上虽然回应着但其实只不过说着泛泛的空话。而往往这种时候,是心理咨询师和来访者的关系可能加深,也可能变淡的一个关键点。换句话说,“变得更差”这件事对于心理咨询师无疑是颇感遗憾的,但从正面坦诚接受的态度,会使两者的关系向深处发展。

类似这样的情形,如果从恶意的角度来揣测的话,有人可能会觉得这是来访者对心理咨询师态度的一种故意试探。比如因为对人感到害怕而难以出门的人,在接受了心理咨询后说:“上个星期我的状态变得很糟糕,结果一步也没有走出家门。”当心理咨询师一边感受对方的苦恼一边倾听时,来访者常常又会开始说出“昨天我去买东西时……”这样的话。一步不能外出,实际上却去购物了！这听上去自相矛盾的话,却并不是来访者在故意撒谎。这个一步都出不了门,状态糟糕的描述,其实正说明了来访者逐渐认识到他以前不想认识的事情,并想要去完成这件对他来说非常艰难的事情,这个描述,是来访者发出的求助信号:“老师,请你明白我的苦恼!”“老师,请来帮帮我吧!”

所以当来访者诉说“我的状态变糟了”“一步也走不出去”时,心理咨询师能否对此坦诚、正向地接受就变得非常重要。面对这种情况,心理咨询师如果能以不回避、不推卸的态度去接纳的话,会让来访者感到“老师是明白我的”,那么购物外出的话自然会谈及,而如果心理咨询师的态度让对方感到的是空话敷衍,这种未被接受的感受将使来访者止步不前。这种情形,好似来访者在用“我的状态变糟了”

试探心理咨询师的能力，当然这不是来访者有意识的行为，从外部来看，一步也走不出去和外出购物是两相矛盾的事情，但从内在的情绪流动来看却是完全连贯的。

从这点上说，我希望想成为心理咨询师的人，可能的话也最好去接受心理咨询。自己成为来访者时所感受到的困惑苦闷，对面前的心理咨询师是否了解自己这些感受的疑虑担心，这些疑虑难以直接说出口时的内心犹豫和不安……如果自己也能一一体验，无疑就会更能理解来访者的心情，也能更易体会来访者那些看似无聊的行为或者话语背后所蕴含的深意。

关于心理咨询的结束，因为问题复杂多变，我会在另一章中详细讨论。现在我想先就最初的面谈说说我的看法。

# 2. 最初的面谈

## 时间上留有余地

来访者与心理咨询师最初的见面和谈话,有很多点都非常重要。为此,原则上,我会在初次见面的约定时间之上至少再预留一个小时,以备不时之需。因为在初次面谈中,我们不知会遇到什么样的事情而需要延长时间,也不知道是否会发生什么而有必要做其他的处理,考虑到这些未知因素,时间安排尽量充裕些为好。总之,不论是心理咨询师还是来访者都要在这样的一次性面谈中,做出今后共同进退的决定,见面时当然需要抱有相当慎重的态度。

特别是日本的来访者,他们满怀期待地接受心理咨询,认为心理咨询师会为自己的事情全力以赴,因此大多数人都暗自以为这个面谈花上几小时是没什么问题的。并且,大部分的来访者会认为,和心理咨询师见一次面,详细叙述一下困扰着自己的问题,得到适当的建议后自己就可以治好了。这样一来,更增加了心理咨询师强调每次面询一个小时这种设置的实现难度。对于这类来访者,若面谈一个小时就结束,再怎么重申期待下周再见,对方也会暗忖:"这个老师对我很不热心""这老师并不替我着想"。像这样第一次面谈就变得不顺的情况很是多见。考虑到这点,初次面谈的倾听和对话时间可以延长到来访者认可为止,接着继续咨询的话，心理咨询师就要明确说明："今天因为是第一次，我想更多地了解情况，所以时间延长了，从下周开始，面谈会控制在一小时内，也要请您一起严格遵守这个约定的时间。"如果不这样做，来访者会误以为时间是可以任意延长的，这会给之后的咨询推进带来很多不必要的麻烦。

## 心理咨询可行性的判断

最初面谈的关键点是，在第一次面谈中心理咨询师要决定今后是否可以继续展开咨询。比如，面对在面谈中大多沉默以对的人，或是叙述条理不清的人等，我们心中会有所考量：这样的来访者是否可以持续心理咨询？心理咨询是在倾听对方话语的过程中产生并推进的，如果来访者总是无话可说，或是毫无逻辑地反复诉说症状，我们必然会因为"这样下去是否可以呢？"的疑问而影响之后的专注倾听。不管怎样，在第一次的面谈结束后，心理咨询师对来访者说"请下周再来吧"，那就表明了他决定接下这个个案，也就意味着做出了可以进行心理咨询的判断。这就是个与诊断有关的问题了。虽然在心理咨询中，我们尽量回避使用诊断这个词，但无论如何心理咨询师是必须要做出"判断"的。即使你不强制来访者，对来访者说"您方便的话请过来"，然后让来访者自己做决定，但其实这已经表明了你的态度：只要来访者愿意来，我就会见。也就是说，你已经做出了"来我这里咨询是有意义"的接受姿态。但显然，"您方便的话请过来”这样的话不适用于一个精神分裂症的患者，当你对来访者有了这个判断时，立刻要做的，是为对方介绍精神科医生。

我们在初次的面谈中，对于这种情况，即使对来访者是精神分裂症还是躁郁症无法明确诊断，也都必须建议这个人到精神科医生处就诊看看，这个程度的判断是必需的。从这些方面考量的话，最初的面谈无疑是充满挑战的。之前我们一再强调过心理咨询中倾听的重要性，但过度拘泥于这种态度，也会出现难以客观观察来访者的问题。就如刚才所说的，这会使客观判断心理咨询可行性的能力大打折扣。不过，做出判断的态度如果过于强硬，心理咨询师可能会抛出许多类似“你的家族是否有精神病史？”等问题，这也会使来访者无法对你敞开心扉，剖析自己的内心世界。这样让人进退两难的状况，可能在初次面谈中就会发生。

为了避免这样的困境，最初的面谈应作为接触性面谈，在这个面谈中要做出心理咨询可行与否，怎样的治疗是必要的判断，所以多由资深心理咨询师担任。然后，若是根据这个判断决定进行后续心理咨询的话，再由适当的心理咨询师担任。不过这个方法有长处也有短处，通常非大型机构的心理咨询师大多不会使用这个方法，而必须是由一个人承担接触性面谈和之后的心理咨询工作，因此，就有必要认真思考我之前所述的几点，以慎重态度对待最初的面谈。而实际上，第一次往往不可能做出确定的判断，而需要在之后持续的面谈中不断摸索。因为不必第一次就做出确定的判断,所以我们可以抱着看看之后如何发展的心态使面谈继续下去。

当然,也有第一次面谈就必须做出判断的时候。这种时候,心理咨询师的态度成为判断强有力的帮手,这与专注倾听的态度有所不同,有时可能还会依据心理测试来辅助判断。这时我们必须根据现场状况来调整我们的态度。

在初次面谈的时候,如果认为还是先把这个来访者介绍给精神科医生为好的话,一定要安抚来访者对于精神科医生的无益的不安和恐惧,让来访者在不感到受伤的情况下同意接受医生的诊疗。如果只是简单地说"你必须去精神科看看",那么来访者自然不会听从。我们必须耐心说明以来访者现在的状态,让精神科医生先做个诊断是最好的办法,尽量解除来访者对精神科医生的顾虑,也要说明接受精神科医生诊断之后再做心理咨询的必要性,以及如果来访者更希望接受心理咨询,自己什么时候都会很乐意提供帮助的心意,这些说明是必不可少的。就我至今为止的经验而言,我给精神科医生介绍了相当多的来访者,这样说明后不去的来访者一个也没有。毕竟,心理咨询师为了来访者的需要和未来着想,做出目前去精神科医生处就诊是最佳途径的确定判断,我认为这是相当重要的。有了这样的支持,来访者才能克服对精神科的不安和抵抗感。进行这样的面谈,可能会让大家觉得与发掘可能性的世界这个原本属于心理咨询师工作性质的内容有所偏离。对此,我会在最后的章节中做个总结。由于心理咨询师在实际工作中会涉及生活中的方方面面,所以一定要根据具体状况,随时考虑调整自己的态度和咨询目标。

在考虑到上述情况的同时,我们心理咨询师,不仅要在初次面谈中对今后心理咨询的可行性做出判断,内心还要有工作的热情:“我可以在什么地方帮到这个人”“让我努力试试吧”。如果对这份工作没有这种努力的劲头,只是漠然地对来访者说:“您方便的话下次请过来”,那显然做不好这个心理咨询。关于这一点,有个极端的说法是,如果对这个来访者你没有任何喜欢的地方,那么这个心理咨询最好不要做。

“某一个喜欢的地方”,是个很有含义的说法,不是全部喜欢,而是即使对来访者感到讨厌,但其中也有让你喜欢的一面,而这一面,有可能就会让你预感到心理咨询向某个方向发展的可能性的存在。总之,不用特别说明,在第一次见面的倾听与对话中,两个人能产生共同协作努力的想法,这个心理咨询的过程就会容易很多。

## 3. 没有动机的来访者

在心理咨询中可能成为大问题的状况，是面对没有动机的来访者该怎么办。特别是在学校或者公司内部工作的心理咨询师，很多时候会面对这种情况，来访者本身没有接受心理咨询的意愿，只是因为班主任或者上级的建议而不得不来到心理咨询室。关于这个问题，原则上来说，对没有任何动机、不愿接受心理咨询的人做心理咨询是件极其困难的事，甚至可以说，心理咨询对于不愿接受心理咨询的人来说是没有效果的。

### 有阻抗态度的人

不过，仔细想来，用“不愿接受心理咨询的人”这个表达是有问题的。之所以这样说，是因为我们一直在强调要关注到来访者背后的可能性。那些说着“不愿接受心理咨询”的人，作为一种可能性，内心是否也存在着“尝试一下”的想法呢？事实上，许多嘴上说着讨厌心理咨询的人，在见面谈了之后，也开始承认，内心深处其实有通过心理咨询让自己有所改变的心思。对于这样的来访者，不论他们表面上做出何种反应，当我们关注到他们心底的那个可能性，大多数情况下是可以继续心理咨询的。

来到我这里的初中生和高中生，到目前为止自愿找来的只有一名，其他都是受他人的指令或被强制而来的。比如有的是极其不愿意而被父母硬扯着手臂来的;有的是一进房间就立刻反坐在椅子上的高中生;也有这样的高中生,一见面就一字一句郑重其事地声明:“老师您有什么话尽管说,但我是没有什么话好说的。”……我遇到过这类形形色色的情况,不一而足。大多数人都会对心理咨询表现出阻抗,但结果却都继续了下来,并没出现什么问题。更有趣的是,最初表现出阻抗态度的人,心理咨询反而会进行得容易些。在我看来,那些必须如此强烈地表达反对的人,反而表明其内心潜藏着想要接受心理咨询的激荡情绪。因此,即使是相当抗拒,有时甚至是对心理咨询师有攻击性的人,在接受心理咨询后,也会开始叙述自己的苦恼并逐渐改变态度。

关于初次面谈的问题还有一个重要的环节,就是最初见面时,心理咨询师能否让来访者感受到自己是可以袒露心声的人,是关注来访者的自我可能性的人。平常情况下,一般人对待背对自己坐着的孩子,会大声斥责“转过身来”,对于表现出“没有什么话好说的”这种阻抗态度的人,也可能会寻找各种话题询问试探。但心理咨询师选择的态度是以不急不缓的语气和对方交流,可以说,“哦,你现在可能是什么话也不想说吧”,或者是说,“你好像很生气的样子啊”,我们首先要做到接纳来访者的情绪。在这样的状态中,来访者才能意识到坐在自己面前的,不是一个世间常识的代言人,也不是一个把社会道德强加于人的人,而是一个将自己都从不曾觉察的内心最深处的可能性作为目标和焦点的人。

将阻抗的态度明显表现出来，算是好的，相比之下，那些不知其动机的有无，既不表示反对也不是自发来做咨询的人，心理咨询的难度会更大。因此，对于无奈听从父母或者上级的指令而来的，自己并无咨询意愿的，即使不表现出阻抗，但谈话像闲聊一样没有实际内容的这一类来访者，心理咨询师必须衡量难度，在相当慎重地考虑之后，再做出是否接下这个心理咨询的判断。

## “想自己解决问题”的人

还有的人承认自己有问题和烦恼，但就是不愿接受心理咨询。他们认为：“自己的问题自己来解决，不想麻烦别人，所以不必做心理咨询。”对于这种情况，心理咨询师应尊重来访者的自主性，理解其依靠自己的努力振作起来的能力和意愿，化解其对心理咨询的误解，从而使其接受心理咨询。但其中也有部分人，即使听了对心理咨询的说明，还是想依靠自己来解决问题。像这类情况，因为原则上心理咨询是非强制的，所以只能交给来访者自己考虑和选择了。

可能有人会觉得这样任由来访者自己决定是危险的，但在我的经验里，相信对方的能力而使结果皆大欢喜的个案并不在少数。特别是处于身心成长旺盛期的初中生和高中生，往往会出人意料地以自己的能力彻底走出低谷，我还遇到过经过一年,自己解决了问题之后,特地来告诉我的孩子。在心理咨询刚开始的阶段,谁都会有急于引导来访者的倾向,但倘若因此无视来访者的情绪和想法,这样的心理咨询继续下去就有失败的可能。

虽然原则上我们要跟随来访者的意向,但也有怎么也不能听之任之的情况发生。当来访者自称要自己解决问题,而我们能明显感到他的力不从心,并且,在勉强拉他来接受心理咨询后,我们强烈地感觉到自己能够帮助他,或者必须帮助他。这种时候,打破原则,使用强制性的举措反而可能成功。这就如同不知自己究竟是得了结核还是癌症,心存畏惧,但又不愿就医的时候,友人不由分说硬拉着去了医院,对此虽然嘴上激烈反对但心中某个角落其实是心存感谢的。心理咨询中也有相类似的情形发生。说着自己来解决,不想接受咨询的人,当有人坚决地对他说"请你务必过来谈一谈"时,这个言行所传递出的能量会强有力地支持到他,减弱他的自我防御,从而使他产生成长的可能性。当然,在我们这样以一时的强制继续心理咨询后,最终还是要改变方向,回归到依靠来访者的自主性上来。强制性的举措,如果让来访者对心理咨询师变得过于依赖,这样的关系保持下去对心理咨询并无意义。

对不愿接受心理咨询的人进行心理咨询虽然是件困难的事,但我们不能仅以来访者的表面行为和言语为依据,对于这类没有动机的来访者,如果我们关注可能性的探寻和发挥这个要点，那么即使表面看来是拒绝的人，大多也都有继续心理咨询的可能。

而从另一个角度来说，有些愿意接受心理咨询，说着愿意用任何方法来消除自己苦恼的人，在内心深处却也有着不想继续心理咨询、不想解决烦恼的心理活动。事实上，所有患有神经症的人都可以说是一边说着想治好一边却并不想痊愈的。从这一点来看，我认为不论来访者表面上是否有动机，都与心理咨询的难度没有太大的关系。

## 明显无法解决问题的情况

这里我想转变一下话题，对于最初就明白无法通过心理咨询解决的问题，来谈谈我的看法。

比如与有智力障碍的孩子的母亲面谈，一开始就明白这个孩子的智力障碍问题是我无能为力的；还有与因交通事故失去手臂，不得不更换职业的人交谈，不论心理咨询师怎样去关注和发掘这个人的可能性，也绝对不可能让失去的手再生。这种情况下的心理咨询，问题解决的目标显然大有不同。心理咨询关注的点当然不是这个孩子，而是拥有这样一个不是普通孩子的母亲，她的人生该怎样度过，以怎样的思考来面对生活。而事实上像这样的心理咨询，或许才应该说是我们最本质的工作。因为当外部问题已经明确没有可能解决时，我们可以寄望于内在的深度工作。不过，这当然是极其艰难的工作。

以倾听的态度和有智力障碍孩子的母亲面谈，首先，会听到这个母亲诉说自己的辛苦、伤心、愤懑等负面情绪，但随着更深入地倾听，渐渐地，因为有这样一个孩子而特有的幸福，或者说只有智障孩子的父母才明白的喜悦体验，也会从这个母亲的话语中有所流露，然后，这位母亲说她非常感谢拥有这样一个孩子给她的生命带来的不同。作为一名心理咨询师，我听着这样的话，在他人看来如此的不幸之中，却孕育出如此的幸福感，不由得为这样的美好而感动、喝彩。但是，感动之余，如果认为："这个来访者人格发生了脱胎换骨般的变化，成为一个幸福的人了。"那还为时过早。如果在这个节点结束心理咨询的话，我不知之后会怎样，但当这个咨询又慢慢继续了一段时间后，这个母亲又开始了"为什么我会有这样一个孩子啊"的感叹，这种反复是我在心理咨询中经常遇到的。

"好了，一切都结束了"，人的烦恼难以如此简单放下。更何况是自己的孩子是智障儿这样深重的苦恼，又怎么可能简单地消除？心理咨询当然会带来有深意的洞察，也确实让这位母亲看到了在自己的不幸中也有美好和光明。但尽管如此，依然不可能完全消除这些会经常跳出来的念头："我家的孩子可以做些什么让他和普通孩子一样呢？""我做了什么，为什么会有这样一个孩子呢？"与其去消除这些念头，不如以这些念头为起点，让这个人的人格向更高层次发展。心理咨询师如果对此没有觉察，对于来访者的这种"洞察力”过于乐观，认为随着心理咨询的推进，来访者已经脱胎换骨，苦恼看似也已消除，实则那只是自以为是的错觉罢了。

不以解决外部问题为焦点的心理咨询，可以让我们更多地触碰人的内在本质，有时是更深入地洞察问题，有时是对苦恼的问题进行逆向反思，而大多数的时候，却是在同一个问题上不断反复地纠结，难以前行，来访者在人格发展这条充满苦痛的道路上砥砺前行，心理咨询师如果没有共同感受这份苦痛，与来访者携手共同努力的决心的话，像这一类的心理咨询还是不接为好。

# 第三章

## 心的构造

## 1. 自　我

这次我想就心理咨询实际运作相关的问题聊一些具有理论性的话题。也就是想在这里,探究一下我们这些怀抱着各种问题的人的内心,或者可以说是有关我们人类自身究竟是怎么回事的思索。

来接受心理咨询的人,怀揣着各种烦恼,比如,没有朋友的苦闷,怎么也不愿去学校的痛苦,等等。我想探讨的是,作为这类烦恼主体的“我”究竟是怎么回事。也就是“我是谁”的问题。确实,寻找这个“我”所蕴涵的意义是困难重重的,但无疑可以作为一个出发点,以此知晓有关我的事情。比如我知晓自己的名字,我知晓自己的职业,我知晓自己是男性,凡此种种的知晓,都是常识。当我们全部知晓这种种常识,并且不仅是知晓而且是全部感知后,我们可以进一步觉察到其实这些常识并不是无秩序的存在,它们在某种程度上是被整合的。打个比方,我不仅知道有天花板和地板,我还知道它们分别有什么作用,它们之间的关系,接着,我还知道桌子和椅子的关系,使用的是什么材料,当这样的点都被详细地描述出来后,令人吃惊的知识就具有了相当规整的形式。而一个人知识体系的整合能力不佳就是发生问题的起源。也就是说,如果看到桌子却不知可以用桌子做什么,搞不明白桌子和椅子的关系,就是出了大问题。我指的这类知识显然不是单一个体知识的存在，而是我知道这个事物，我能够感知它，而且，我能够据此想到做什么并能够去做些什么。比如，想阅读可以去阅读，想走一走可以去走一走，这样的一致可以说是具有一个主体性。对此，我们一般会使用心理学的专业术语，称之为“自我”，人们的这个“我”以一个统一的整体为中心点，这个主体就称为“自我”。“自我”这个词，根据各方学者的理论在用法上会有一些差异，如果一一严谨论述必然颇费篇章，因此我们只能暂且作此简明扼要的说明了。

## 主体性

沿着这个思路，首先就自我的特性可以想到的，是之前提到过的带有“某种程度的主体性”这个说法。打个比方来说，我想到要坐在这里我就可以坐在这里，而想站着当然也可以站起来。就像在座的各位，想参加这个讲座就来到了这里，想要偷懒也可以偷懒。但是，我想给主体性加上“某种程度”这个限制。实际上，这是“某种程度的主体性”，而不能说自我拥有完全的主体性。之所以这样说，是因为我们不时能够体验到自我的主体性受到侵犯。最简单的例子，是发生措辞不当，或是做错事而引发失误。这种时候，失误显然是意料之外的事情，而并不是最初就由我们的主体招致的。这一点也恰恰说明了，自我并不具有完全的主体性。

## 同一性

我们接着来谈谈同一性。所谓我这个“自我”，我们可以说，昨天的我和今天的我是同一个我。但事实上，这可能也只是“某种程度”上的，因为十年前的我和现在的我已经无法说是同一个我了。但有趣的是，十年前我所做过的事，大家依然会反复拿来说道：“这就是你做的事情。”与此相应的，是你也要负起某种程度的责任。然而，事实上两者已经不能视为是完全同一个我了。最有利明了的证据是，法律上关于时效的这一条款，对超过一定年限的犯罪行为，就无法再追究法律责任，时间过长的话，之前的罪责就不再追究。对于我们所讨论的同一性虽然不用以如此严厉的方式去考量，但倒是可以借来对应有关自我的同一性。

## 自己与他人的区别

接着想谈谈的自我，是自己区别于他人的这部分。也就是说，我和你是不同的，我和外界是不同的，这是一个显而易见的区别。就如同当我空腹的时候，不管谁吃东西都不会使我的肚子饱。这就像谁都知道电车和我不是同一物类是一个道理。然而其实这个区别可能也只是在“某种程度”上的。比如当自己的亲人受伤严重的时候，我们自己也会像身受重创一样感到痛苦，甚至有人的身体也能感受到那种剧烈疼痛。当我们听到他人的悲惨经历会忍不住泪流满面，我们看到他人欢喜也会欣喜非常。这种时候，尽管他人与我是完全不同的，但我们能够体会到与他人同样的感受。从这个意义上来说，可能没有完全绝对的区别。

我还想要补充的是，我和他人的区别这件事也是因人而异的。就以人们对于"我"的这个身体的看法来说，是把这作为"我"自身来看待的呢？还是认为这是进入内在的"我"？或只是"我"外在的表现？讨论这一点是非常有趣的。当然，一般大家都会认为自己的身体就是属于自己的东西，但其中也有部分人会随意并干脆地觉得自己的身体并不属于自己。因而他们不论是学习还是锻炼，都是拼尽全力异常努力，好像这样过度消耗自己的肉体是理所当然的一件事，为了达成自己想要的目的即使给自己的肉体带来痛苦也在所不惜，对于有这样思考方式的人，我想他们是从未把自己的肉体当作自己的东西来爱惜的吧。而与之相反，当然也有对自己的肉体非常重视的人。不论遭遇什么，该吃就吃，该睡就睡，身体那是一定要照顾好的，对身体发肤关爱备至。他们的想法是，如果过度学习会对身体有损，那么就要把学习这事先放下。这与那些为了学习，身体方面不在考虑范围内的人的认知完全不同。这种情况下，虽说同是自我，但从何处作出区分，我想也会因人而异吧。

## 整合性

自我还具有某种程度的整合性。也就是说在自我之中并没有什么特别矛盾的东西。我作为一个男性不会还傻乎乎地觉得自己是个女人。我们都在自己的认知范围内做了没有矛盾的处理。但是,这显然也是“某种程度”的整合性。就像我们不想去某个讲座但又不得不去,类似这样的感受我们都曾体验过,在经历这样两种矛盾的情绪之后我们做出选择,这就意味着自我所具有的整合性。

在我看来,以上四点是自我的四个主要的特征,当然还可能找出其他的特征加以讨论。这只是出于我个人的思考,对此若有兴趣的人可以参阅各类学者有关自我的理论进行更深入的探索。我想强调的重点是,主体性、同一性、与他人的区别、整合性等都是就“某种程度”而言,这些特征都不是绝对的。我们每个人都持有这样的自我。这样的自我也不是孤立的,而是存在于围绕着自我的环境之中。也就是说,自我存在于自己的亲人、朋友、职场、自己的家庭等各种与外界的关系中。由此,就产生了心理学上经常会提到的“适应障碍”。

## 2. 适 应

这里就出现了自我在环境之中如何去适应的问题。可以这样说,来访者求助于心理咨询,往往是因为这个人的自我难以适应环境而产生了诸多问题。就像之前所述的那个因没有朋友而苦恼的人,其实是他的自我没有能力找到朋友。还有痛苦于去学校的那个孩子,自我即使有想去学校的意识,但驱使他去学校的那个主体性如果没有动力,那么自身就怎么也难以融入学校这个环境。这种情况下,人们都只得跑来接受心理咨询。

在讨论适应能力之前,我还想说的一点是,人们心理困扰的产生绝不仅仅是因为环境的适应障碍,其与自我、自我意识本身也有着极大关联。比如,"被动体验"就可以视为对主体性造成极大危害的一个例子。

### 意识障碍

所谓"被动体验",简单来说,并不是我让这个"我"动起来的,而是感觉到被某种未知的能量所推动——我来到这里,不是出于我的意愿,而是被来自宇宙的电磁波场发出的指令所驱使,于是不由自主地来了。我们可能碰到过有人描述这类体验,比如,现在举起手的行为不是出自我自己的意志,而是遵从了不知来自哪里的命令,等等。这些都被称为"被动体验"。还有,同一性严重受损的人,甚至会认为我迄今为止是个完全不同的别人。更为严重的情况是,认为我的右半部分和我的左半部分是完全不同的两个人,因而右半部分和左半部分需要用两个名字来区别。以上列举的两个例子,有经验的人马上就会明白,来访者大概有严重的精神障碍,也就是我们通常说的精神分裂症所经常会有的症状。但是,来访者有我现在所说的这些症状,我们就立刻诊断他为精神分裂症患者是极其不可取的,我们作为普通的心理咨询工作者,一旦遇到这类自我意识有严重缺陷的前来接受心理咨询的人,必须立刻联络精神科医生进行相关的咨询和讨论。

当我们遇到这样一类前来咨询的来访者,他们或者是叙述着自己的被动体验,或者是难以分清自己与他人的区别,搞不明白自己是人类还是神灵的时候,我们需要转换之前曾经提到过的咨询方式,就是怀着包容心接受和等待可能性的出现。因为一旦产生了这种程度的意识障碍,我们就不能再抱着简单的想法去听取来访者的话语了,而必须和精神科医生讨论解决。我强调的是必须讨论,而不是立刻判定这个来访者患有精神分裂症。这首先是因为仅仅以我们的能力无法独立解决这类情况,需要听取精神科医生的见解,这倒也不是在强调精神科医生比心理咨询师更为优秀,而是有关精神分裂症的问题,无疑精神科医生比我们接受过更专业的训练。当然,可以治疗精神分裂症的人,并不意味着他能够进行神经症的治疗。我们自身作为专业的心理咨询师,应具有这样的认识,这是在清楚自己的学术分野的同时,对其他领域专业性所应持有的尊重。

## 现实检验

在我们平常的咨询中,几乎没有上述这类有如此严重意识障碍的人。大多数人都具备某种程度的主体性和同一性,只是缺乏适应能力,有些地方无法调整。这个无法调整的部分说得轻松些就是缺乏整合性,这一类来访者往往会来接受心理咨询。以上述那个案例来说,那个大学生和父亲关系僵化,于是大学退学,离家出走,显然这个大学生是在与父亲之间的关系处理上出现了困境。但当我和这个大学生的谈话慢慢深入后,这个大学生逐渐意识到父亲也并非顽固不化,他谈到了父亲的优点,一旦说出了这些话,就说明这个大学生已经重新开始适应当前的环境。这个例子意味着,我们为了让来访者适应当前的环境,有必要先让他们了解现实状况。这就是心理学中所说的现实检验能力。我们首先要对现实有非常明确的认识,才能适应这个现实。现实检验能力对自我的作用显而易见,而且至关重要。简单举个例子,就像我们今天能够来到这里,我们必然要明白电车是怎么回事,必然要明白走在马路上要躲避奔驰的车辆,正是因为有这样的现实检验能力,我们大家才能生龙活虎地坐在这里。

当然,所谓现实检验能力,并不限于我们刚才所说的对于外在事物的现实检验，对于我们的内在也同样适用，我们内心深处的感受也是现实检验能力必须考量的部分。当看到樱花盛开，我们不仅认知到樱花的存在，看到如此美丽的景致时自己所感受到的心情，也是必须认知到的部分。又比如，我们看到有人在面前倒下，我们不光是看见这景象，我们的内心还会涌出同情、可怜、是否摔痛了、该不该上前帮忙等诸多的情绪和想法。对于这种内在的感受我们也必须要有足够的认识。

这样说来，就像之前说的，并不只是因为我们的现实检验能力弱化了而失去了适应能力，实际上我们也许可以反过来想，是不是因为有了现实检验能力而使我们变得难以适应环境了呢？

比如说，我在某个公司就职，同事和我因为谁能先争取到一个重要的职位而成为竞争对手。于是，当这个竞争对手病倒了的时候，如果只是抱着“那个家伙生病了，我正好可以抓住这个时机”的想法并没有什么大问题，但如果反复感受这个现实状态，就会明确感受到对于同事生病所理应产生的同情、难过、遗憾等情绪，只是如果过于沉浸在这种情绪中，对这位同事就会产生负罪感因而无法越过他去争取那个职位了。由此我们可以得出这样的结论，即使我们口头上对他人的遭遇表示同情，但其实我们的内心是抗拒这样的感同身受的。这句话听上去似乎非常矛盾，然而恰恰说明了，人没有现实检验能力确实会缺乏社会适应能力，但与此同时，人们对于具有过强的现实检验能力又是抗拒的。

因此，我们为了适应社会不仅需要拥有现实检验能力，同时为了保护自己的整合性或者说是主体性，我们对于自己的现实检验所得出的结论会保持一定的距离，这种对自己的保护，就是心理学意义上的自我防御能力。

## 3. 自我防御

确实，自我防御能力对于自我而言是至关重要的。之前我也曾稍微提到过，比如，一个人如果生了重病谁都会对此表示同情，但其实真正生病的那个人，或者说真正因为受伤而烦恼的那个人，真的如实把这份痛苦感受传递给我们的话，我们也许都会感受到生活不易，为此不痛快、不自在。所以，适当地远离他人的痛苦，对于他人的痛苦不投注过多的情感也是对自己的一种保护。遗憾的是，幸福也是同理。不过，有的人却缺少这样的自我保护的能力。他们会认为对方可怜便报以强烈的同情心想为其做些什么。比如当朋友约他："嗨，一起出去走走吧！"即使他内心并不想出去玩，但因为太了解朋友的心情，于是就克制住自己不想外出的想法，答应了朋友外出的邀约。这种情况，他确实做了一个亲切的、有好人缘的人，但结果却是压抑、损害了自己。他还可能因为这种压抑而内心充满感慨和后悔，这类人其实生活中非常普遍。当然也有相反的，对于他人的悲伤和苦恼毫不在乎，感知缺失，以自我为中心、毫不在意他人想法的也同样大有人在。

### 自我防御的意义

事实上，我们人类在考虑适应能力时，现实检验能力和自我防御能力究竟在何种程度上起到作用是个非常难以确定的问题。试想那些来接受心理咨询的人所叙述的烦恼，其实我们可以说，大多数的烦恼是出于这个人对自己的一种自我防御，或者换句话说是因为这个不恰当的过度防御而形成的。

说到这里，大家可能会联想到上一章举过的那个女大学生的案例，她害怕与人交往，想去学校却因对人的恐惧而无法走出家门，按照这个女孩子的说法，去学校就会遇到很多男学生，这些男学生的存在，让她开始认知到男性是不同于自己的异性，这种认识令她处于一种无法言说的情绪困扰中。这都是她以往从未有过的感受和念头，可以这样说，她以前埋头学习，从没有以异性这个视角看待过自己，而现在她被这个认识吓到了。而如果不去学校就不会有这种身份上的威胁感，心情就可以恢复到以前的平静。从这个意义上来说，即使她想去学校，也因为对人的恐惧而最终去不成学校，就成了她的一种过度自我防御。对此我们心理咨询师所要找寻的突破口是，减弱她的自我防御的力度，让她逐渐放下这种不恰当的自我防御，帮助她看清并面对现实状况。

以这个案例结合现在的这个理论来看，这个女大学生的自我是有着相当的整合性和主体性的，但在自我形成的过程中由于无法顺畅地调整对异性的情感，于是自我防御机制就开始运作了。对于这类案例，简单地说，咨询师可以主张她大胆感受和体验内心对异性的真实情感，以恰当的态度看待异性，就会逐渐改善并解除这种防御机制。而事实上，有这种防御存在也是理所当然的，如果没有这种防御，在毫无准备的情况下这个女大学生突然对异性产生强烈的情感的话，很有可能会使她的自我整合性受损。

这个案例中很重要的一点是，正因为这个人一直生活在没有性意识的情感之中，才形成了她至今为止的自我。这时候，如果突然掺杂进激烈的有关性意识的情感，就像本来要装修房子，却草率地早早拆除了墙壁，于是大风大雨都灌了进来一样，情况会变得很糟糕。那么，这又出现了另一个疑问，在这种情况下，如果加强原本的自我防御，问题是否就会没有了呢？确实，这样的情形也是有的。比如，这个女大学生来咨询的时候，我可以采取这样的咨询策略，来加强她的原有防御，我可以说："不去学校的话，你不就可以更加专心致志地把心思放在学习上了吗？"或者强调说："不用害怕那些人。只要你努力学习就会变得更强大的。"咨询师也许可以用这样的方式支持她，让她对一直以来拼命防御着的性意识采取更加有力的防御，以抵消她对人的恐惧。只是这样的做法，即使女大学生的状态平稳了，我们也不会感到欣慰，因为我们知道，这是正在抹杀她生命成长中得之不易的更多可能性。

## 向更高境界的自我的发展

之前我就不断强调过，我们在心理咨询中要对可能性的出现投以极大的关注。自我对于可能性是加了防御的，只有当这个防御逐渐减弱时可能性才有可能渗透进我们的内在。换言之，我们要在一点点重组来访者至今为止的自我整合性的同时，引导发展出更具广度、高度和深度的整合性的自我，使之进入一个新的层次，这是我们在心理咨询过程中必须反复探索的话题。就以刚才这个案例中的女大学生来说，如果没有这个性意识问题的出现，在我们大家看来，这就是一个持有明确的主体性和同一性，有着好学生形象的自我的存在。但是，现在遇到了这种情况，她由此产生了对人的恐惧症状，这里值得引起大家关注和思考的是，如果没有任何新的事物加入的话，作为一个女性，她是完全可以以之前的自我状态生活下去的，谁都不会对此有异议，而且这个女大学生可能还会适应得很好，而不出现什么问题。动摇这种状态的，正是威胁到原本的整合性的新的可能性的出现。当我们关注到这一点时，我们不得不考虑到——自我，具有某种程度的主体性，并且是统一的，而超越这个，超越自我的主体性，是使得我们内在的认知由低向高、由高向更高层次提升的动力。

这个超越自我的内在的核心，在荣格理论中称为自性(self)。虽然这里我们并不一定非要提及荣格有关自性这个概念的理论，但就这点我想强调的是，当我们认为所谓的"我"，也就是我这个人作为一个主体已经足够完整，其实这个认知是不够准确的，因为这个主体是可以不断地向上提升的。每当我们在某个阶段停止的时候，那个在内心某个深处的主体就会开始促动这个发展。这一点是我们必须要考虑到的。因此，为了与自我有所区别，荣格特地提出了自性这个概念。关于荣格的观点我就不在这里详细讲述了。[1]对于这个观点持反对意见的人，也可以不理会自性这个概念，而只需要这样去想，人类的自我不可能只满足于一个层次，一定还会有更多新的发展出现。我们可以这样说，自己正在做着心理咨询工作的唯一的依据，就是运用这个自性的作用。

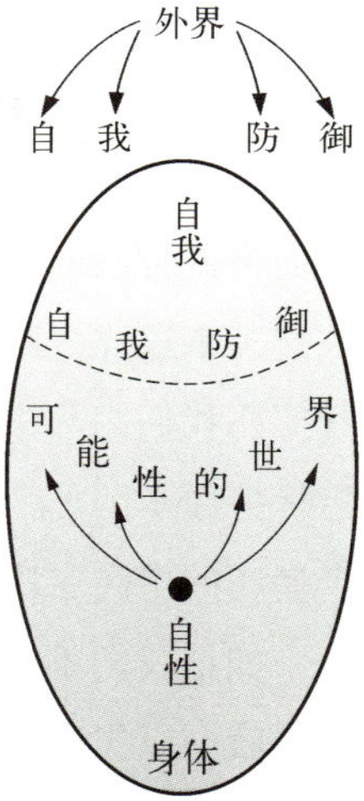

**图 2　心的构造**

## 自我防御和心理咨询的过程

在某个层次的自我向更高层次的自我发展的过程中，我们需要关注的是，这样的发展必然带有某种危险性。还是以刚才的案例来说，那位女大学生一直以来的自我正向更高层次发展，正是由于要经历这个过程，才出现了对人恐惧这样的危险。打个比方，这就像改造一栋房子的时候，为

1　想要了解有关荣格的自性概念的读者，可以参照拙著《荣格心理学入门》（岩波现代文库版，第七章）。——作者注

了使这栋房子更大就要拆除一面墙，而不巧的是，刚好拆掉墙的时候遇到了台风，房子一下子被吹倒了。所以我们说改建工作在实施的过程中其实是最危险和困难的。从某个方面来说，谁都会有提升自我的昂扬情绪，但想到要遭遇像改建工事这样危险的工程，又觉得还不如保持现状更好些。其实在我们内心中时常会有这样两种情绪涌动着：一种是想保持原本的那个自己，另一种则是期待有所不同，打造一个崭新的更高层次的自我。

如果我们不了解这两种情绪的存在，我们的心理咨询大多就会以失败收场。这可以说是心理咨询中非常典型的失败，我也曾有过类似的经验。当来访者来到咨询师面前，以“我十分害怕与人接触”开始他的叙述时，这个来访者一边描述着他的情况，一边会因为他的自我防御的作用，警觉谈话过于深入有可能给自己带来伤害。在这种情况下，心理咨询师以非常包容的态度接纳他，这种包容和接纳使得来访者的自我防御逐渐减弱。于是，来访者情不自禁袒露心声，而心理咨询师也会更开放、更包容，与来访者的谈话也更加深入了下去。当这一个小时的面谈结束，心理咨询师会认为这是一个高度配合的来访者，能够如此深入地坦率交流，如此勇敢地直面这样深刻的问题，因此对接下来的咨询会有积极的发展充满了期待。然而这个时候，第二次的面谈来访者却失约了。也有的情况是，在第三次或者第四次连续的谈话深入之后，来访者突然中断了咨询。我想这是通常我们刚开始做心理咨询工作时，大多数人都会体验过的经历。究其缘由，这是因为来访者在进行了这样深入的谈话之后，感到害怕了。他觉得说了不应该说的话。

但非常有意思的是，很少有来访者会认为自己是因为恐惧对他人说了不必要说的话，暴露了自己的缺陷而放弃咨询的，他们大部分人会找到其他的理由。比较简单的，是在约好的咨询时间因为下雨去不了了；最典型的，大多是针对心理咨询师的理由。“我对咨询师说了那么多贴心贴肺的话，但我后来想想，那个咨询师就是在用‘嗯’‘啊’‘是呀’之类的话在敷衍我，这让我觉得太靠不住了！”也有的会说：“我对咨询师说了这么多无聊的话，一小时听下来还能忍受，两小时、三小时都说这些不是实在很过意不去吗？”来访者有很多这类听上去很不错的理由，然后就不再来咨询了。我们把周全考虑出这类适当理由的行为称为自我防御。

那么对于这种情况，心理咨询师的问题究竟出在哪里呢？我认为问题在于，在进入这个新的可能性的世界的过程中，咨询师和来访者的合力尚且不够，又或者可以说，目前的状态超越了两个人的力量。这里我使用了“可能性的世界”这个表达，这个“可能性的世界”含有正面和负面两种性质。我们还是以刚才的女大学生为例，对异性的关注如果可以很好地整合进自我，那么之后找到心爱的男友进入婚姻也就是水到渠成的事。这是个非常好的可能性，但如果做得拙劣，那么至今想都未曾想过的性意识的出现，很可能因其过于旺盛而滥交男朋友，又或者，沉溺于性游戏之中，一个曾经清纯的女孩从此堕落的可能性也一样存在。我们在心理咨询过程中所面临的可能性，会因我们获取方法的不同或向正面发展，或给来访者带来极大的负面影响。换句话说，对于旧有的自我，那个让其感到惧怕的可能性当然是必须忘掉的。因此，我们心理咨询师所应该做的，是在松动来访者的心理防御的同时，让来访者把这个可能性作为自己的东西慢慢消化。这种情况下，超越了两个人力量的深入谈话反而会使事情僵化。

这样一来，就出现了在什么节点阻断来访者的谈话的问题。不是一味地接纳，而是把谈话结束在来访者可以消化的范围内，这确实相当困难。一般我们的咨询在前三十分钟是以倾听为主，咨询师通常会以“哦”“嗯”“是吗”等回复来访者，而剩下的三十分钟是要放弃这种方式吗？其实也不尽然。那么怎样才能知道究竟应该在哪里停止呢？这一点，还是必须听从最忠实于我们自己的内在声音。可以这样说，我们自身内心所产生的这种感受就如同一个晴雨表一样。

比如说，当来访者来到咨询室开始咨询时，来访者因为谈话的逐渐深入而触动情绪，流着眼泪对咨询师说：“其实，这些话我从来没有对谁说起过，我的父亲不是我真正的父亲。”又或者可能有这样的来访者，在几次咨询后，突然说道:“其实,我是一个大盗贼,这件事我从来没对谁透露过。”面对这种情况,心理咨询师,一般往往是经验不足的咨询师会对这个话题充满兴趣,认为来访者说出了真心话,这是一个想深入咨询的来访者,有了可以大显身手的机会。殊不知稍有不慎,就有可能偏离正轨,越过了自我防御这条线。

其实在实际心理咨询过程中,我们更应该做的,是让我们更加自由地跟随自己的内心而动。当那个来访者一边哭着一边说出“我的父亲不是我真正的父亲”的时候,我们对这个让她开始痛哭的情感产生共情,尤其是当来访者极度痛苦时,我会选择暂停交谈,有经验的心理咨询师也会这么做。而从旁观者的角度来看,可能会觉得来访者好不容易谈到涉及心中隐秘的话题,而咨询师却突然停止谈话,就好像无法再继续无条件接纳来访者似的,但事实上,这种中断的行为对心理咨询并不是坏事。因为即使我们暂且放下接纳,只是带着好奇心,也一样可以听到这些内容。当然,如果我们将这种探索变为只是纯粹的好奇心的话,来访者当然会对此有所觉察而停止话题。然而实际上,我们无论是出于什么考虑选择打断来访者说话,都不会影响来访者倾诉的欲望,只要此时冲破那层防御的墙壁的势头已经足够强劲,不管咨询师以怎样的态度对待,都无法阻止来访者内心深处那些想一吐为快的言语。因此在这种情况下,咨询师应该选择在这种情感过于激烈起伏,甚至令人感到痛心的时刻暂停交谈,因为如果不这么做的话,就好像是在改建家园的中途遭遇了台风,从而会毁了一切。这又像我之前提到的那样,来访者本身并不是抱着想要通过自身的努力改造自我,从而达到更高层次的自我这种目的来咨询的。我们的来访者想要达成的目的,往往都只是解决眼下困扰他们的问题,就好像社交恐惧症的来访者只想让自己不再害怕他人,厌恶婆婆的人只想着让婆婆按照自己的意愿改变,来访者想要的解决方法就是如此直接,就是想在不改变自己原来状态的情况下让症状得到改善。而心理咨询师一直想要做的是改变来访者旧有的自我,这是我们工作开始的缘由。

对可能性的关注是我们心理咨询师的工作目标之一,这一点不用赘述。但应当强调的是,可能性由于充满正负两方面的能量而非常强大,一旦来访者的自我难以承受的时候就会造成大的变故,所以当我们在咨询中对此有所觉察时,我们甚至需要稍微花些心思来中断这个可能性的发展。换句话说,我们可能需要做些与心理咨询最初的目标相反的事情。暂且停止推进这个可能性的发展,放慢脚步等待那个能够接受这个新的可能性的能量的出现。

对于这一点,我想之后还会再做归纳。现在我想说的是,心理咨询原本的目标和心理咨询师在咨询过程中的实际操作,这两者之间是有差别的。也就是说,当我作为一个心理咨询师面对另一个活生生的人的时候,不能一味向预设的目标直奔而去。在寻找并面对真正的目标之前,还要做许多其他的事情来等待咨询的延伸。这种情况下，我们特别需要尊重来访者的自我防御。我想举一个更具体的例子，让大家更容易理解这一点。来访者前来咨询，我们能看到他有很大的问题，但稍微进入这个问题之后，来访者就会偏离到其他的话题，这时候，我们如果打断他的偏离，始终盯着他的那个大问题不放的话，反而很可能会使咨询陷入困境。当对方出现这种适当的逃避时，我们一定要尊重这种逃避。但是，在你跟随来访者的动向逐渐往前慢慢推进的过程中，如果总是逃避那个大问题就会出现咨询难以进展的情况。这种时候，咨询师对逃避的来访者说："你现在正在逃避你的主要问题，这种可能性很大哦。"指出这一点，究竟是好还是不好，对我们而言是一个非常具有挑战性的问题。

之前我们已经谈论过心理咨询的目标、心理咨询的过程，在那样的叙述之后，可能大家的印象是心理咨询并不复杂，只要倾听并且无条件地接纳来访者，就可以依靠来访者自身的能力治愈，但实际上，一旦当我们遭遇到来访者的防御，咨询就有了极大难度。因为在发展性的背后从来都隐藏着巨大的危险性。从我的个人体验来说，在面对一个个来访者的一次次的面询中，像这样陷入迷惑困扰之中的情况并不在少数。是进一步，还是退一步？有时候，对于来访者的逃避我可能会非常大胆地进行阻断；有时候，如果来访者总是不断逃避，那么我就会想，看看他究竟逃到哪里才到头吧。于是,有人可能会问:“那究竟跟随来访者到什么时候?又该在什么时候指出呢?”对此我想说,这也需要常常让自己的内心像晴雨表一样运作起来。

有这样一个案例,一个与母亲产生了大问题却总是回避这一点的来访者,当被问到有关他母亲的问题时,他立刻的反应是用一些无关紧要的话来岔开:“老师,最近这段时间怎么气候都一直这么寒冷呢?”当心理咨询师跟随着他的逃避只能放慢咨询推进脚步的时候,这种跟随会让咨询师内心明显感到很无聊,可能听着听着会睡着,甚至产生极端的想法,希望这个来访者今后别再来。当这种情绪不断出现的时候,我会对来访者这样说(当然这个说法可以是各种各样,因人而异的)。比如我会说:“我们两个已经面谈了六次,说真的,对我来说感觉不到任何意义。面谈了六次,但我却不知道花了我们两个人这么多时间的意义在哪里?你觉得有什么意义吗?”这样做,是我开始让对方直面他的逃避。于是,这个来访者在短暂的沉默后说道:“事实上,我还有些事情没有对老师说。”来访者这才开始把自己最关键的秘密说了出来。当来访者这样面对咨询师,咨询师当然也会认真对待。“来访者虽然来到咨询室,但谈的话题很无聊,是放弃好呢,还是该再做些什么呢?”——当我们这种困惑的情绪达到顶点的时候,也正表示我们触碰到了自己情绪的真实意义。

至关重要的是,心理咨询师自身必须对自己内心不断涌动的各种情绪极为敏感。可想而知,我们一定会有各种情绪和想法产生,比如:是否应该出言打断如此无聊的谈话?如果这样打断了,是否会对咨询造成不良影响?或者索性放弃这个咨询?但这样做,对每次准时出现的这个来访者实在太过意不去了……对于这些冒出来的情绪和念头,心理咨询师一定要忠实于自己内心的真实想法。也就是说,心理咨询师在相当程度上也必须放下自己的自我防御。在我们的自我防御不断减弱的过程中,当那些从我们的自我中流露出来的真情实感和来访者碰撞时,我们就能够对当下的情况做出究竟是危机还是转机的恰当判断,从而选择正确的应对方式。

# 4. 自性化

## 自性化的意义

我说了很多有关心理咨询师的想法，现在让我们再回到自我这个话题上来。所谓的自我具有两面性，一方面是希望保持原有的状态，另一方面自我始终有一种试图去寻找新的发展的驱动力。就这个意义上来说，我们将其称为“自性化”。也就是说，人类从来都有实现自我，把自己潜在的能力化为自己真实的一部分的能力。就像那个女大学生，比起把性意识深藏在自己内心的某个角落而不自知，她更愿意做的是驱动这个潜在的意识使之成为自己的一部分。所谓自性化就是，哪怕自我本身想要滞留在旧有的状态，但在内心深处始终有一股自性的能量在施加着作用，引领自我向着更高远的境界发展。以这样的视角观察咨询中所发生的一切，来访者的谈话，实际上究竟是属于外在的言谈，还是内在的声音，很多时候确实很难分辨。或许，咨询师可以表现得更为积极些，在很多心理咨询中，我会将来访者谈话中外在的体验全然当作内在的内容来听取。

有这样一个案例，这是一个因为离婚问题来接受咨询的丈夫。他谈道：“结婚到现在，我一直觉得妻子做事都很得体，但最近我对我们的关系非常不满。我现在对妻子的所作所为都会克制不住地感到特别恼火，所以我想跟她离婚。”我了解了这位妻子的情况后发现，他的妻子在客人上门时会非常热情友好地接待，然后说上一大堆有的没的，而且虽然说着“这个人还是不要来好”，但是当这个客人再次来访的时候，又会说“你能来真是太高兴了”之类的客套话。这个丈夫看到这样的情景就会忍不住地心头冒火，在咨询过程中，他也是不断说着妻子的坏话。对于这种情况，我一方面想到这个人对于妻子的谈话，是真实还原实际情况的；另一方面也考虑到，这有可能是属于他内在部分的投射，是他内心中的可能性所衍生的部分借着他妻子的姿态做出的呈现。他所说的妻子的坏话，是讨厌接受这个部分而做出的防御。也就是说，这个来访者对妻子的指责是其外在的那部分，当我们带着这样的理解去倾听来访者时，会深刻体会到他所叙述的各种各样外在的事情，其实都是与其内在的那部分紧密联结着的。而不可思议的是，当我们几乎可以解决内在的问题时，外在的那部分也会对此做出回应，就此迎刃而解。

这让我想到有个来访者，她有非常严重的神经衰弱，结婚后夫妻关系并不融洽，这使得她的神经衰弱加剧了。在咨询中我倾听她的叙述内容所了解到的是，这个来访者表示她结婚前其实可选择的对象很多，而她恰恰从中选择了一个最坏的。“我怎么会做出这么愚蠢的事呢！”她在咨询师面前不住地感叹自己选了一个最不合适做她丈夫的人。而我听了她的叙述感受到的却是，她选择了一个很好的对象，她的丈夫是能够促进她的可能性的最合适的人选。为什么会这么说呢？听上去她选择了一个和自己至今为止的生活方式、思考方式完全不同的丈夫，这是有不切合实际让人惊讶的部分，但从这个来访者自身可能性的发展这一点来看，却可以说是最恰当的选择。在这个案例中，勇于挑战这个婚姻的究竟是谁？当我们往这个方向思考的话会有很有意味的发现。这个来访者看起来似乎对自己选错了结婚对象后悔不已，那么当初是谁，该对让这个女性内心为之动摇的决定负责呢？其实不正是她自己吗？她的自我认为这个婚姻是失败的，而实际上这个来访者的自性却认定这个婚姻是她所想要的。

然而，这个状况如果说出来也只有咨询师感到满足，对于每天在这个婚姻中度日如年的来访者来说，并不会为此开心。自己的可能性，自己至今从未有过的体验，这些即便是有益的，但因为伴随着过多的痛苦而让人无法承受。因此，在这个来访者的神经衰弱变得更为严重的情况下，我们作为心理咨询师显然不能对她反复强调“这个婚姻其实是适合你的，你的丈夫非常不错”之类的话。因为我们应该明白，神经症问题还会引发多种其他问题的产生。这个来访者可能会遇到周围的人对她的厌烦、回避，还有可能，她连去工作都有些困难，等等。因为可能有这类二次事故的发生，这时候她的自我已经被压得喘不过气来，根本无暇顾及自己可能性的发展，这种情况下，我们咨询师只能先放下对可能性发展的期待，首要工作是想办法安定来访者的自我的存在感，虽然这和心理咨询原本的目标相背离，但实在是必要的。比如，可以利用环境的作用来稍微缓解她的压力，或者，做些其他的事情转移她的注意力，耐心等待她重新调整心力，为此甚至可以考虑建议让来访者先尝试与丈夫分开一段时间。

这种状态下让夫妻分居，难道不是一种退却，说明咨询失败了吗？我们开始咨询不正是为了要他们婚姻圆满不分开的吗？确实如此。但当我们面对的这个来访者，她现在的自我实在无法承受那个内在自我的重压时，我们还是说着："分居就意味着失败，你要坚强起来！"对于她来说，这就是让她继续留在那个家里承受众多足以毁了她的压力，让她以最糟糕的状态走向离婚这一步。因此这个选择是不得已的。当然在咨询过程中，做出这样的选择的决定权不在我们这里，而要让来访者自己决定，但当来访者的能量过于弱小时，我们无论如何必须出手相助。这种状况对于一个心理咨询师而言是最艰难的。我们可能会去与她的丈夫见面，与她的婆婆见面，与她的父母见面，让他们接受她提出的离婚。离婚之后，这个来访者的神经衰弱说不定就治愈了。这时来访者可能会欣喜地告诉咨询师："我的神经衰弱治好了，这都是因为老师的帮助让我从这场倒霉的婚姻中逃离了出来啊！"但是，作为一个心理咨询师，我们内心要明白自己阻断了对于这个来访者而言至关重要的一个可能性的发展，减缓了自性化的进程。在心理咨询中，我们经常会遇到这样被迫站在十字路口难以抉择的情况。普通的人们，或者说是来访者本人感到问题解决而欢喜的时候，我们内心却无法同样地雀跃。因为我们知道，自性化这条路太过艰难崎岖，这让我们时常会迫不得已地停下脚步。

## 无法简单达成的“自性化”

从这个意义上来说，我觉得心理咨询绝对不是一个凭自己喜好就能做好的工作。对于接受心理咨询的来访者，我们不能简单只考虑自性化啊、可能性的发展啊之类的咨询目标，而要逐步觉察来访者内心真正想要的那个选择。在一次次面谈过程中，我们要花时间等待，然后判断来访者究竟想要的是什么——是一段时间的安定，还是想打破旧有的自己寻找一个崭新的自己。说得更直白一些，就我自己的咨询经验来说，虽然我们心理咨询师工作的最终目的是整合来访者的自我，使之达到自性化，但在实际操作过程中，还是不要过于乐观地期待这个目标为好。

不过，如果像前一章提到的那个大学生的案例，那可真是一个很了不起的来访者，只做了四五次咨询，就在咨询过程中发展出了相当大的可能性，让我们看到了她的迅速成长。面对这种情况，我们真的很难抑制发自内心的喜悦，这让我们再次深切感受到，人都是拥有可能性的。正因为如此，面对一般人可能想要尽快处理完成的情况，我们却愿意用更多的时间和精力去等待事情的发展，因为我们知道，这种等待总是伴随着令人惊喜的可能性，是值得的。当我们了解到这一点，那么对于来访者口中所说的“自己因为社交恐惧而烦恼”，或者“自己因为丈夫很糟糕而痛苦”“自己因为学习不好而困扰”之类的问题，虽然从来访者的口中说出来的情况都是糟糕透顶，但在我们心理咨询师听来，这些叙述中却有很多通往来访者内在可能性的闪光点。因此，虽然看上去我们不得不去接收许多人的负面情绪或者信息，但只要一想到从这些负面的话语中我们其实能够找出众多新的可能性，那么我们也就可以发自内心地做到无条件接纳了。

关于这一点之后我们可能还会提到，就是当来访者能够很好地发掘自己身上潜藏的可能性的时候，可能会发生这样的情况：来访者将自己可能性所带来的正向改变完全投射到心理咨询师身上，于是在来访者的眼中咨询师变得极为优秀，是个几乎没有什么缺点，可以完全信赖，闪耀着智慧光芒的人。来访者甚至觉得如此卓尔不群的人凤毛麟角，世间难寻，其中有的人还可能会由衷地赞叹道：“老师简直是个像神一样的人物啊！”

然而这显然不是咨询师真的优秀到这个地步，而只是来访者的主观意识。来访者内心涌出的可能性让他感受到令人惊喜的变化，而此时的来访者主观上认为这是咨询师赋予他的。面对这种情况，咨询师要习惯于来访者的此类言行，如果对此信以为真，沾沾自喜于来访者说的“老师你真的很了不起”“我也想成为像老师这样的人”之类赞扬的话，很可能会做出错误的判断。通常遇到这种情况，咨询师一定要告诉来访者：“事实上，我并没有你说的那么了不起，你之所以会这样看我，是因为你的内在发生了变化，那个让你觉得愉悦、充满了希望的能量其实来自你自己。”有的咨询师可能觉得来访者说的都是发自内心的话，我为什么不高高兴兴地接受呢？但如此接受的后果，要么就是心理咨询师对来访者表现出超出必要的亲热感，使咨询工作产生阻碍；要么就是咨询师变得自大，导致咨询以失败收场；要么就是来访者每次状态的好转，都依赖于咨询师，也就是说，心理咨询师和来访者变成了一种特别“黏”的关系，这样的演变会造成来访者自立的困境。事实上，当来访者把自己的可能性投射到心理咨询师身上，而心理咨询师再返回给他，并让他知道这是来自他自己内心的光芒之后，来访者也会对咨询师表示尊敬。

只是这种尊敬的心情显然与最初的那个投射之后的崇拜之情全然不同。这时的来访者不再把心理咨询师当作一个无所不能的人，而是在认识到咨询师的局限性的同时，感谢咨询师作为一个普通人，将自己的可能性引导到了光芒之中。这是人与人之间正常的感激之情，这样的情绪是没有任何问题的。当来访者产生这种情绪的时候，往往也就是在向我们传递咨询临近收尾的信号。使来访者的可能性与他的自我整合，使他的自我比原有的更为强大，并向更高层次的自我成长，一旦达到这个要求，这个阶段的心理咨询也就有了结束的理由。

这里不能忘记的重点是，自性化的进程并没有就此终结，而是还会有新的可能性出现。只是如果这个来访者的自我已经变得非常强大的话，那么在将来，当他面对新的可能性时，他会主动敞开心扉，以自己的能力进行整合，而不再需要心理咨询师的帮助。当然也有另一种可能，就是在自我基本整合后已经结束了心理咨询，但不久又出现了一个非常大的问题而再次需要寻求咨询师的帮助。对于这些情况的发生，我们都要有所了解。因为接受了心理咨询，来访者觉得自己的人格发生了巨大的变化，像是完全变了一个人，也可以说，来访者认为心理咨询所带来的这种变化对自己的人生来说是举足轻重、翻天覆地的，但实际上这个变化只是他的生命中自性化这个大工程中的一个部分。作为心理咨询师，我们还要意识到，我们所做的，主观上看是一件极具影响力的事情，但实际上还有很多问题没有解决。不清楚这一点，过于自满于眼前的成绩，是很多咨询师可能会犯的错误。

在这一章我说了许多听上去颇为教条的东西，在下一章我会继续和大家谈谈为什么考虑这些大道理也是不可或缺的。

# 第四章

## 心理咨询师的态度和理论

## 1. 关于心理咨询的二律背反性

在心理咨询的实际现场，经常会发生简单的原理却解释不清的情况。甚至因为这个，还会发生心理咨询师被某些理论束缚从而导致咨询失败的事情。这也让一些持有极端看法的人，索性认为心理咨询师可以脱离理论，甚至还有人认为理论是有害的。确实，我也认为如果我们对理论一知半解，反而可能使我们在对人的理解方式上变得肤浅。

这让我联想到一个案例，这个案例是关于一位好学的母亲，她热衷于研究心理学理论，然而明明她了解各种理论，又或者说，正因为她如此热衷于理论，反而让她的孩子出现了各种心理问题。在这个母亲就孩子的问题向我不断诉苦之后，她说："说到底，我家的孩子就是有挫败感吧！"在她看来，孩子出现问题的原因一目了然，那就是欲望没有得到满足后的挫败感造成的。对此，我立刻郑重回答道："您的孩子并不是挫败感这样时髦的心理问题，这就是一个活生生的人的问题。"

那么，这位母亲的心理学知识真的帮到她更理解自己的孩子了吗？面对这位母亲，我确实是用了比较强势的语气，因为我觉得这些心理学知识妨碍了她对孩子内在的理解。无法对孩子作为一个活生生的人的烦恼做到共情性理解，以为用挫败感这样一个心理学术语就说明了全部问题，这无疑是危险的。看到这样的例子，我觉得与其把心理学理论学得不明不白，倒不如以简单朴素的情感去面对来访者更为恰当。

不过，我也可以举个完全相反的例子。我之所以想到这个例子，是因为我的这样一个来访者。他再婚之后，他与前妻的孩子完全把他现在的妻子当成了自己的母亲，可能是因为这个孩子长时间生病后很久没能见到父母，所以当孩子终于见到亲人时，就特别想要对这个新妈妈撒娇。但这个撒娇很不同寻常，是又掐又咬的那种。这个妻子毕竟不是亲生母亲，对这个孩子如此黏自己感到难以理解。对这种情况，我的解释是这个孩子很可能是欲望长时间没有被满足。来访者恍然大悟：原来这是因为欲望没有得到满足，孩子才会又是吮吸又是啃咬的啊！说到底，这是想要从父母这里获得更多的爱啊！于是，当父母理解了什么是欲望未被满足的意义时，也就能够忍受孩子的行为了。有意思的是，在父母尝试着忍耐孩子的这种行为后，渐渐地，孩子也开始真正亲近母亲，而不再又掐又咬了。如此一来，这个新妈妈也发自内心地疼爱孩子，良好的母子关系就这样慢慢形成了。

这个来访者后来一再对我说，那个时候他们对情况完全不知所措，唯一想到的就是老师说的这句“欲望未被满足”，这句话真的帮到了他们。对于这个案例中的家庭关系，我们虽然可以对来访者说，即使没有血缘关系，只要有感情，有深厚的爱，就能够解决你们的问题。但这话说来容易做来难，深厚的情感岂是这样呼之即来的。这种时候，就如这个来访者一样，理解这是孩子没有得到爱的满足所带来的问题，带着朴实而忍耐的心态接受这个结果之后，深厚的情感才会真正孕育。我想，对此我们不能忘记的是，这种理性的理解是连接真实体验不可或缺的桥梁。这一点是和前面的例子截然不同的。

前面的那个例子中，母亲把“欲望未被满足的挫败感”这个标签贴在了孩子身上，好让自己可以回避孩子忧愁苦恼的感受，这是一个推开自己孩子的不负责任的母亲。而后面的这个例子中，出现的是一个因努力了解孩子的状况而使母子感情变得更为深厚紧密的母亲。我现在举了两个完全相反的例子，在咨询的过程中，像这样相反的例子可以说比比皆是。关于这点，正如我经常强调的：心理咨询是一个充满二律背反性的过程。

可能大家刚开始做心理咨询时，你们的督导者会说：心理咨询不是个能被教会的工作，如果觉得学习了心理咨询，就可以很顺手地开始工作，那是过于天真的想法。于是，当有人说心理咨询的经验是要靠自己摸索出来时，大家也会觉得这话说得不无道理。确实，心理咨询不是个学了就能做，教了就能熟练的工作。但是，当又有人说，心理咨询靠一个人自学是毫无可能的，没有督导者无法想象这个人能成为一个称职的心理咨询师时，大家也同样会点头认可。我们会觉得这些人说的都没错，都有自己的理由，这种情况，其实在心理咨询实际操作中非常多见。我对这个心理咨询中不时出现的二律背反性，有时真的很想把它们一个个排列出来看一看。大家有机会做心理咨询的话，肯定可以无数次地与这个二律背反性打交道。

说得更具体些，比如大家可能都遇到过以下情况，这时我们会犹豫难决：是给这个来访者打电话好呢，还是不打这个电话好呢？这个时候，如果觉得打电话好的话，一定有相应的理论支持这个想法，而觉得不打电话为好的话，自然也有足够的理论依据。于是，这两个选择看上去似乎都很正确，又似乎都有错。从这点上来说，我们必须认识到，在心理咨询的过程中，因为有如此之多的二律背反性的存在，如果我们仅仅考虑事物的一个方面，招致失败的可能性会大大增加。

## 是“治愈”还是“治疗”

在众多的二律背反性之中，我首先想提出来讨论的，是“治愈来访者”还是“治疗来访者”这个问题。这显然是个二律背反性的问题。

心理咨询究竟是什么？让我们回溯到最初所说的那个定义上的话，心理咨询就是咨询师竖起耳朵认真倾听，由来访者自己发现自己的可能性并解决问题，在这个过程中，来访者得到治愈。这时有人可能会问：既然是来访者依靠自身的能力治愈自己，并不是由心理咨询师治好的，那么说得极端一些,是不是根本就不需要心理咨询师了呢？事实不然,心理咨询师不可或缺的理由是,如果没有心理咨询师的存在,光靠来访者自己,很少有人能够自愈,这就是心理咨询师存在的意义。我们要对这个意义有充分的了解。那就是,心理咨询师要以包容的态度无条件地接纳来访者,正因为有这样的心理咨询师的存在,才会出现治愈的现象。

如果是普通人面对抱有问题的人,可能会尝试忠告、建议,或是责骂一通,但最终发现无济于事。而心理咨询师所做的显然不同于人们这类一贯的所为,我们只是一心一意地支持和包容来访者,最终使这个来访者得到治愈。我想对于这一点,我们当然可以理直气壮地说:这显然不是其他人可以简单做到的事情,来访者是在心理咨询师的帮助下好转的。说到这里,我们可以发现,这是一个从两方面看都有道理的事情。从常识上来考虑,一般我们都这样认为,心理咨询是由心理咨询师来进行治疗的,但实际上,当我们开始心理咨询后,往往能够感受到来访者了不起的自愈能力。然而,如果对此过分欣喜,“因为来访者能够治愈自己”这个理由,逐渐就会变成心理咨询师逃避责任的理由。来访者自己就是自己的治疗者,带着这个念头,我们在接受来访者的咨询要求时,会以“那就试试看吧”这样随意的心态进入咨询。于是,当来访者来面谈,说出“请治好我的抑郁症”或是“请帮我解决这个问题”这类带有明确目的性的要求时,我们如果以“好的,没问题”或者是“我不知道结果会如何,但我们可以试试看”这样的话来应对，那实在是很不负责任的行为。那么，我们是否该承担起责任，明确地说出“我知道会有什么结果，那我们开始吧”这样的话呢？这当然也同样有问题。事实上，我们难以说出保证能治好这样绝对的话。而且，绝对能治好这话如果一开始就出自我们之口，那么由于心理咨询师主导治疗的这种意图过早地出现在整个咨询过程中，就会使得来访者失去发现自身可能性的能力。

因此，心理咨询这件事，究竟是“治愈”还是“治疗”，其实是心理咨询师和来访者两者的力量从两方面的作用，一方面是来访者的自愈能力，另一方面是来自心理咨询师的助力。在心理咨询的实际操作中，这个案例究竟是属于来访者自愈的，还是心理咨询师治愈的，通常是能被我们强烈感受到，也是很容易区别的。如果缺少这方面的感受性的话，弄得不好，就会出现那种自以为是的心理咨询师，明明是来访者的自愈能力发挥了作用，却以为完全是靠自己的能力治好的。

## “接受”的意义

我在这里想强调的是我们作为心理咨询师的立场。来访者对于自己治愈这件事当然是相当重视的，在心理咨询过程中，来访者的治愈之路意味着与心理咨询师的携手共行。其意义在于，我们心理咨询师是承担着责任接受来访者的，这一点是无论如何不能被忘记的。如果是普通意义的接受的话，那么很可能就会是“好吧，这个咨询我来试试看”这样轻率的承接方式。有时候，有的人会忘记我们对来访者的接受是不同于一般意义的。这不是简单的“我来试试看”，而是在帮助对方的同时，不能忘记一个心理咨询师伴随这个接受而来的责任。

来访者在苦痛之中蹒跚前行，我们也应该对此感同身受吧。但即使有这样的心情，一周也只有一小时的见面时间，最多也就是一周两小时的面谈，这件事本身也是二律背反性的。而且，还有一定要在规定场所见面等这些非常有限制性的心理咨询规则得遵守。为了这个来访者，一方面我们抱着始终伴随他共同努力前行的心意，另一方面却又有只能在限定的场所、限定的时间会面的严格规则，这也可以说是关于心理咨询的二律背反性吧。之所以这样说，是因为一般而言，既然为了对方的事情该全力以赴的话，那么不论什么时候对方电话打来了就得跑去帮助，或者只要是对方的要求，就得无条件满足。但实际上，心理咨询师全然不理会这些事。甚至相反，电话打过来我们会不去见面，被要求了也会拒绝。然而我们在遵守这些看似冷漠的规则的同时，却会极其专注地倾听对方述说那些可能谁也不耐烦听的话。类似这样的二律背反性比比皆是。

正因为有这类的二律背反性，就像之前所说的，当事态因为有多重解读而难以决断，我们很多时候会有不知何去何从的困惑。比如，面对一个要离家出走的来访者，我们究竟是等待来访者慢慢自立好呢,还是应该立刻阻止他这个行为更好?像这类事态,只有在之后才能说清,当下是很难给出答案的。而这种情况下,不成熟的心理咨询师就会忘记事情具有两种可能性。他们认为离家出走这件事是理所应当要阻止的,自己出言劝阻是做了正确的事,对于因此造成之后的咨询难以展开,则觉得那也是没办法的。当然也有另一种咨询师,他们认为既然要让来访者依靠自己的力量自立,那么离家出走这件事就可以放任不管,之后的一连串失败也不是咨询师的责任。面对这样两种可能性,却只从一种理论角度去判断,然后对出现的后果安然接受的心理咨询无疑是最危险的。并且可怕的是,不管在什么情况下,这类心理咨询师都必然能为自己所做的找到自以为正当的理论依据。

## 与二律背反性的艰苦较量

这里我想稍微谈一下自己的一个难以忘记的经历。当时我在瑞士学习心理分析,来访者是一个日本人。

众所周知,心理咨询或者说心理分析,从根本上来说是源自西方的思考方式,这种思考方式很清楚地表明,个人是在自己的意愿下接受心理咨询这个援助的。然而在日本,之前也曾提到过,援助这件事情是需要超越限制,无论如何都应该全力以赴去做的。部分由于这个认识上的差别,这个日本人来访者的心理咨询没有顺利进行下去。于是我去找当时指导我的督导老师，对他说，虽然咨询进行得很不顺利，但我是依照心理咨询的正常理论来做的，来访者中断面询我也无可奈何。然后，我说明了我所做的全部过程，以示我的咨询毫无差错，不管是心理咨询还是心理分析都是按照常规做的。但当我这么说了之后，督导老师微微笑着说："河合君，你的日本灵魂去了哪里呀？"这句话让我有醍醐灌顶一般的感觉，太有意思了！因为西方化的思考方式是冷静理性的，所以我就安然地接受了这种心理咨询方式，认为自己这种在日本人看来近乎冷淡保持距离的操作方式没有错。而对于我的这种西方化的思考方式，无怪乎我的督导老师会提出疑问：作为一个日本人，你的日本式思考跑去了哪里啊！

我觉得我的督导老师的这个提问方式极为巧妙。他既不说"你要用更加有日本风格的方式去做这个咨询"，也不说"因为你是日本人，如果不用日本方式是不行的，为什么要用如此西方化的语言去接触来访者呢"。他绝妙地用"你的日本灵魂去了哪里？"这个提问，点醒了我放弃了日本式思考这件事，却又并不挑明该使用哪种咨询方式更好。而事实上，对于我的那个来访者的咨询究竟怎么做才是最好的，督导老师其实也并不知道，他清楚知道的是，我的说明过于片面，过于安于现状，而忘记了最重要的东西：我身为日本人的独有的思考方式，是不应该被西方思维方式彻底同化的。而究竟什么才是适合我的心理咨询方式，只有靠我自己去不断琢磨才能领悟。在这两种截然不同的思维方式中反复摸索，最终发现的答案，才是真正属于我的心理咨询之路。

即使到现在，我依然感佩于当年督导老师提点我的这番话。如果是较为拙劣的谈话方式，那么很有可能就会演变成这样一句："你不用日本人的思考方式做咨询的话是行不通的。"或者只是从单一的角度考虑，那么就会变成"还是西方的方式更好"或是"日本的方式就不错"之类容易引起争议的话题。督导老师完全摒弃这样的言谈方式，而是举重若轻地指出了被我无视的重要的东西。这对我真是非常宝贵的体验。当然，即使督导者指出了问题，心理咨询师自己如果无法在实际操作中深刻体会二律背反性，咨询还是会难以为继。

可以这样说，二律背反性无处不在。而它在心理咨询中自始至终存在的缘由，我想就是因为心理咨询是一个和人打交道的工作。从积极意义上来看，我们人类正是因为具有这种二律背反性，才显得如此有趣。也就是说，我们人性之中必然具有二律背反性的强大能量，而正是在这种能量的感染下，我们人类才有了创造和提升的空间。一个人如果对自己的状态没有要求，满足于现状，他也就没有接受心理咨询的必要了。比如有的人夫妻关系恶劣，但如果他认为夫妻关系就是这样一种不尽如人意的存在，那么他当然就不会来接受心理咨询。那些走进心理咨询室的，是想让不舒服的关系变得调和的夫妻。不过有趣的是，往往这样的来访者虽然抱着想要夫妻圆满的态度接受咨询，但内心某处却同时潜藏着就像以前那样日子也过得下去的想法。这种情况，很清楚地表明来访者的内心存在着二律背反性，而心理咨询师看准这点，接纳这两个方面，就可能使来访者的夫妻关系更为和谐。

从这个意义上而言，我认为每一次的心理咨询都是创造性地孕育出新的可能性的过程。

## 2. 态度和理论

从我刚才所谈到的二律背反性中，大家可以看到，二律背反性中最关键的问题是我们对理论的掌握究竟应该达到什么程度的问题。为什么这么说呢？因为确实有种比较极端的认识，认为理论妨碍了我们更有包容性地接纳来访者，所以我们需要讨论一下理论的必要性。

### 态度和理论的互补性

对于这个问题我们从实际的心理咨询操作上考虑，会很容易了解。一般在日本从事心理咨询工作的人，都是从接纳他人，专心倾听对方的谈话开始的，这也是我在第一章中强调的。大家对此都很接受，觉得做起来不难，那就试试吧。但真的开始尝试后，就会发现接纳这件事并不简单。来访者来到面前，对你说："一直有想杀了我母亲的冲动！"我想你即使想接纳这种感受，也会发觉自己做不到——这个看上去这么温和的人，居然想杀了自己的母亲！你会觉得这个人深不可测，你会怀疑他所说的如此可怕的事情，是不是他的真实想法。当你这样被对方扰动情绪的时候，你就难以静下心来容纳对方，这也是人之常情。但如此一来你就不得不中断这次心理咨询了。

曾经有段时间，在我关于心理咨询的讲座上这种情况被学员们多次提到。很多人会问道："我是想带着包容心的,但就是忍不住会胡思乱想。这是为什么呢?”比如有人想离家出走,虽然心理咨询师知道应该以接纳的态度,不带情绪地对来访者说:“哦,想离家出走啊!”但忍不住想脱口而出的,却是:“你怎么能离家出走呢!”或者会心里想:“这个人怎么会有离家出走这样愚蠢的想法呢?”心理咨询师究竟应该怎么做才能不这么思绪纷乱呢?这是我经常被大家问到的问题。

之所以产生这样的问题,根据前一章的理论来说明的话,很重要的一点就是,来访者有来访者的自我,而咨询师也有咨询师的自我。虽然表面看来,来访者的自我已经具有某种程度的整合性并发展到相应阶段,而心理咨询师的自我也同样具有某种程度的整合性并在不断成长中,但这两者显然是截然不同的自我。这时,当来访者说“我想离家出走”,心理咨询师听到这句话后可能产生的问题是:在我的自我中究竟应该如何整合离家出走这件事?也许在我的人生观里,对于这样的少年离家出走事件的发生是感到特别困惑的。如果我持有的人生观认为,碰到这种事,孩子的父母亲一定很苦恼吧,或者是这个孩子自身一定也很痛苦吧,那么对于这样的事件我不知道该接纳在自我的哪个地方。也就是说,我无法把少年离家出走这件事整合到我的自我之中去。忘记自己原有的自我,放空自己,然后必须做到完全接纳对方的言行,这是日本人常做的事。因为日本人有这类倾向,认为让自己渺小是一种理想状态。反观西方人,他们虽然强调要接纳,要以共情的态度去理解对方,但放下自己的自我这件事是从不在他们的想象中的。这一点就与我们完全不同。因此,我们对于源自西方的心理咨询理论的这一点,接受方式是稍有差别的。动辄就放空自己,放下自我,我们是不是过于纠结于此了呢?

在我看来,心理咨询师能够对来访者如此包容、接纳的同时,却难以接受自己内心的波动,这不是太不可思议、太愚不可及了吗?既然接纳这件事是如此重要,难道不应该既接纳来访者,也接纳心理咨询师自己吗?当那个来访者说要离家出走,心理咨询师在感到不解的同时,却附和着回应"你是想要离家出走啊"这句话,我觉得这是不是接纳还成问题。因为这可能是带着接纳的表象说出来的话。也就是说,这不是一句走心的话。

当少年说要离家出走的时候,假设这是一个十六岁的少年,他不去学校,时常说要离家出走,而假设心理咨询师也知道他的离家出走并非通常那种消极意义的,而是少年渴望自立的一种表现。进入青春期的孩子,有了强烈的自主意愿,特别是那些至今从未有过这种体验的孩子,突然有了这种感受后,常常会说出想离家出走的话。对此情形如果我们心理咨询师非常了解,自然能够发自内心地接纳这件事。即便这个人真的想离家出走,也能够以平常心接纳,而不会立刻认为这是危险或奇怪的行为。虽然大家一再对自己说,我要努力包容,努力接纳,但依然对来访者的话有难以接受之处。“为什么？竟然说出那种话！”当我们有这样的想法，说明我们已经无法包容下去了。这种时候，如果我说：“离家出走，这是渴望自立的表现。”对方可能回应道：“原来如此，明白了。”这不是真正意义上的明白，而只是日本语境中常用的一种应答方式，人们在真正听懂理解了一件事时，所使用的语气和表达的情感态度是不一样的，只有这个时候，才是真正认可的感觉，说明对方是真正接受这件事了。

这样想来，我们最初所说的理论和态度，并非分离的。实际上，这两者却是互补的。对理论深入理解的人才会更冷静而温和地去包容，可以说，那些能够更包容地接纳来访者的人，一定是有深厚理论体系傍身的心理咨询师。那些认为所谓无条件地接受来访者，就是心理咨询师完全放空自身的自我，就如同一个置物袋一样，只是一股脑地接受来访者所有言行的想法，显然表明这些人对这个置物袋的大小毫无所知，以为只要打开口袋就可以把什么都放进去了。然而这种方式，说是接受实则更像是推拒，这样的咨询当然大多达不到效果。

## 有理论就有接纳

将这种想法放到实际操作的场景中，却不那么容易。我们有了理论知识就真的可以做到接纳吗？当然不是，在心理咨询中，我们还是会体验到对来访者的言谈感到难以接受的经历。这时候，我们一般会在感到难以接受的同时，却假装做出可以接受的样子。用“假装”这个词听上去比较刺耳，换个好听些的说辞，就是让理解先行。一般人们都过于急着尽快落实事情，很难做到理解先行。当遇到少年说要离家出走，人们立即就会出言阻止。但我们作为心理咨询师，虽然不知道对方离家出走的真实意图，但会在这种不明白的状态下让解决问题这件事先缓一缓。我们会以等待的态度说：“哦，你想离家出走是吧。”在这样的等待中，来访者说出后续的话，而通过这样的交谈，我们得到更多的信息，从而加深对来访者和事态的了解。

有的新手咨询师会对自己理论基础不扎实而感到悲观，但只要认真听取来访者的话，即使有不明白的地方也保持忍耐和包容，经过这样一段长时间的耐心等待，面谈结束的时候对来访者的了解就会随之而来，在心理咨询实际操作中这也是很多见的。但是，作为心理咨询师，我们当然不能限于倾听来访者，为了更好地理解来访者，加强自身内在的自我，深入把握理论，都是绝对必要的。因此，学习心理咨询的人，光是做到全神贯注去倾听对方的言语是不够的，而要从倾听入手，同时不断努力加强自己的理论知识，这些有助于我们理解人性的知识无疑是必需的。做不到这番努力的人，只不过是在白白耗费自己的热情和诚意。之所以这样说，是因为即使他十分努力地在听取来访者的言语，内心可能还在嘀咕对方为什么如此行为愚笨，做事莽撞，他时刻提醒自己不该这么想，结果这让他消耗了过多的精力在这番纠结上，而无法做到真正意义上的接纳，于是自己的一腔工作热忱也就空投了。

我最初曾说过，一心一意接纳来访者所说的，让来访者依靠自己的能力成长起来，这当然绝非假话。但是否只要能够接纳，就可以称为一个心理咨询师呢？说得更极端些，就是是否只要能够接纳来访者，一个普通人也可以成为心理咨询师？把心理咨询想得如此简单，是相当危险的。这就像我梦想哪怕一生只要一次有成为职业棒球选手的机会我就是人生大赢家的时候，听到别人说，只要能打到球，普通人也一样可以成为职业棒球选手。于是我就跑到球场上，结果自不必多说，肯定是怎么也打不到球，徒增笑柄。以为能够接纳就可以成为心理咨询师的人，就和这个行为一样害人害己。接纳来访者这件事，需要我们磨砺自己的人格和社会阅历，并不像想当然的那样简单。

不过，在心理咨询的学习过程中，如果我们要阐述社会性和人性方面的理论研究，那是怎么也讲不完的，所以我这个讲义就不对这方面的理论作进一步的讲述了。但就如上一章所说的，如果大家想从事心理咨询工作的话，这方面的理论书籍是必须要仔细阅读的。

## 3. 心理咨询师的基本态度

理论和态度的互补性这一点，想必大家都已经明白了。对于人性理解的理论我在这里略过不提，关于以什么样的基本态度面对来访者，我认为卡尔·兰塞姆·罗杰斯（Carl Ransom Rogers，1902—1987）的人本主义理论对此有非常高明的论述。

罗杰斯认为，心理咨询师的基本态度是，无条件的积极关注（unconditional positive regard），从而对来访者产生共情性理解。但这种情况下，心理咨询师的态度必须是“genuine”的，虽然把这个英文单词翻译成“纯粹”可能会引起理解上的混乱，但作为心理学术语它还是被翻译为“纯粹”或“自我一致”。

### 无条件的积极关注

这句话非常准确地概括说明了心理咨询师所应持有的态度。但尽管这句话说得如此精妙绝伦，却依然常常有被误解，甚至完全不被理解的情况发生。所以这里我收集了一些容易被误解的点想尝试说明一下。之前我也曾说过，所谓无条件的积极关注，并不是如果你的态度不错我就喜欢你，而是当对方固执地说想立刻离婚，想离家出走时，你依然以足够尊重的态度对待对方的所言所想。当然，这实际做起来相当困难。比如来访者说自己很想自杀的时候，对于这个人所说的想自杀这件事，如果以无条件的积极关注这个观点来看，这是件很不寻常的需要勇气的事。但对我们自身而言，这实在是难以接受的。我们立刻会想到，如果来访者死了，这事就太糟糕了。这样一来自然不可能无条件，“只要他不去自杀就好”这样的想法，显然是有条件的了。这时，新手咨询师会努力放弃这种杂念，想拿起积极关注，但却怎么也做不到。想做却做不到，再次想做还是做不到。咨询就在这样的一次次重复中胶着。在我看来，比无条件的积极关注这个目标更重要的，还是承认我作为一个心理咨询师的局限：我离追求的目标还有相当远的距离。对于这样的自己，我们也必须投注必要的积极关注。从这点上来说，当我们对无条件地倾听对方的话产生阻抗时，我认为不如就尊重这个阻抗。

如果对来访者能够无条件尊重，这当然是件不容置疑的了不起的事，但如果做不到，那么对于做不到这件事也要持有足够的尊重。这是我要强调的非常重要的一点。说得具体些，就像来访者说想要自杀这种情况，对此我做不到无条件的肯定。这个时候，我除了劝阻说“你不要自杀”外也没有其他办法。再举个这样的例子，如果有个来访者对心理咨询师说：“我对谁都没有说过，我的国籍不是日本。”这个时候，无条件的积极关注的表现是，你可以说：“哦，你不是日本人，是其他国籍呀。”但如果心理咨询师对来访者说出的不是日本国籍这句话感到惊讶，感到不能接受，他可能会下意识地转移话题说:“那你的孩子是日本国籍吧!”因为孩子是日本国籍这件事是让心理咨询师可以接受的。我们可以明显地看到,来访者与心理咨询师之间的线是错开的。这种错开我绝对不认为是正确的,但我认为这种错开有其存在的意义。这个心理咨询师初次听到这个人不是日本国籍,因过于惊讶而无法做到无条件的积极关注,如果伪装这个态度,而说着“是这样吗”的时候,只会招来更恶劣的结果。因为真实的情况是,心理咨询师无法消化这个事实却偏要做出惺惺之态,这会使这个心理咨询难以收场。

对于来访者的言行,心理咨询师抱以积极的无条件的关注,像这样等待来访者的成长需要相应的时间。内在事物的过早出现,会使得来访者和心理咨询师都无法消化。这样一来,反而会造成心理咨询的中断,咨访关系的恶化。因此,对无条件的积极关注想得过多,明明做不到却要硬撑着,这样的心理咨询还是不做为妙。如果真的能做到无条件的积极关注当然可以打 100 分,但我们毕竟是有血有肉的人,所以大多数情况下可能也就只能达到 90 分或者 80 分吧。

我有幸作为督导可以收到大家转给我的心理咨询案例录音,会听到在实际操作中,心理咨询师有些部分没有处理好接纳,这时相对于指出“你这里没有做到接纳”,我常常更想说的是:“这个地方,你没有做到接纳一定是有意义的。”正因为在这个部分没有接纳来访者,才有可能等待之后机会的出现。真正能够接纳的那个时机，其实两个人都在等待，心理咨询中一定会有这种感觉产生。

之前就已经说过了，自性化这条道路真的是艰难而痛苦的，它不可能像我现在在黑板上简单地画个图这样轻而易举。在这个过程中有些人会因为太辛苦了而想到放弃，甚至还有些人可能会极端地认定，自性化这条路如果从未经历过也许会更好。这样想来，世间的事物从不是一目了然这样简单的，有时候，终止心理咨询的流向，反而更有利于结果的事情也时有发生。

## 共情性理解

关于共情性理解，大多数人最想知道的是：对于没有经历过的事情，自己能够感同身受吗？

我举个这样的案例，一个四十岁左右的来访者困惑于是否离婚而来面谈，而心理咨询师是个二十五六岁的单身族。于是，心理咨询一开始，来访者有些怀疑地问咨询师："不好意思，能问一下你的年龄吗？"接着又不安地问："我的烦恼你能明白吗？"这种情况下，这个心理咨询师来找我商量这件事，询问是否应该放弃做这个咨询。遇到这样的具体案例，我很理解这种"没有类似经验还是放弃更好"的心态，但是，如果都以此作为理由的话，那么我们这个心理咨询的职业可能也就做不下去了。因为说得极端一点的话，在这个世界上没有任何人和我拥有同样的经验和感受，这样一来不是什么都不能做了吗？这是很值得讨论的有趣的地方。我们做有经验的事固然不错，但我们在说着不要做自己没有经验之事的时候，其实可以试着从更广义的角度来思考“经验”这回事。

比如，我有头痛的经验，因此我对他人肚子痛这件事，是多少有些明白的，这个观点大家都默认吧。但我若现在突然感到头痛，我觉得这种头痛是在座的各位都不能理解的。为什么这么说？这是因为站在这里，在这个时间这个地点感到头痛难忍的只有我一个人，所以我说你们都不能体会我的痛楚。我这么说，大家对这话可能觉得很好笑吧？因为你们觉得这种程度的经验自己以前也有过。也就是说我们可以这样认为，某种意义上，经验这个东西，可以超越时间和场所的差异而具有某种共通性。从这个角度来说，我们所谓的“经验”，实际上是通过共有某个经验而向外扩展延伸的。

从这个点再向前推进一步的话，就是一个对某种经验曾有过丰富感受和阅历的人，可以通过其中的共通因素来扩展这一经验的框架。举个极端些的例子，当我在路旁不小心踩到开着鲜艳小花的杂草时，这个体验若往深处延展，可能会联想到人的死亡，甚至是被人杀害的感觉。如果没有这样深入的联想，踩踏杂草和杀人是完全不同的两件事。但当我们对体验不断深入挖掘的时候，就会与某些共通因素不期而遇。正因为如此，对应五七五短句构成的俳句，有人可以写出一篇洋洋洒洒的论文。你若读得浅显，那么可能只是五七五的三行句子；你若读得深，那么就会变得相当深奥。

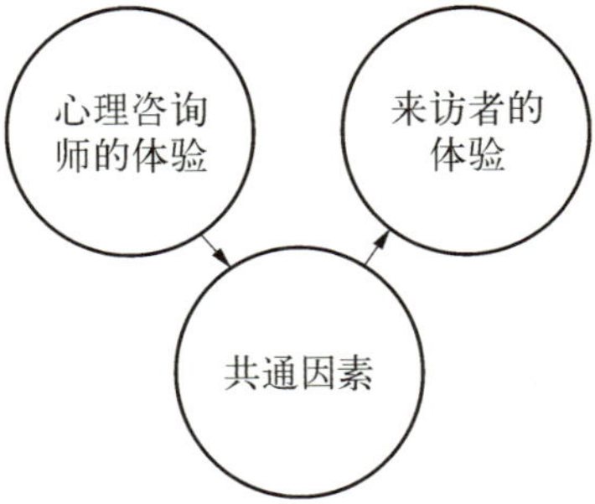


**图 3　共情**

从事心理咨询的人，必须考虑如何丰富自己的经验。对于同样的事物，能够深入体验的人，通过共通因素可以对更多的人、事、物做到共情性理解，而思考总是停留在浅层次的人，能够产生共情的部分当然会少很多。不过，我所说的共情也还是局限在某种范围之内的。就像我说自己有过头痛的经验，那么是否就能说，通过加深这个经验，我就能够完全了解盲肠手术的痛苦了呢？这是个问题。

这种情况下，共情的范围是根据这个人所体验的种类和体验的深度逐渐扩展的。从日本人的民族性来看，说到共情性理解，那么就难免产生一定要与这个人有同样感受的过度思考倾向。来访者因为挣扎在离婚边缘而苦闷不堪，当她对心理咨询师叙述自己的丈夫纵酒无度，挥霍钱财，心理咨询师因为没有这方面的经验觉得无法理解，或者，感到很同情但对这种状态还是无法感同身受。事实上，绝对、真正的理解是不存在的。而且在我看来，绝对、真正的理解也是没有必要的。在我进行心理咨询的经历中，对来访者的情感绝对、真正的理解一次也没有发生过，但即便如此，那些心理咨询还是成功的。

为什么会这样呢？因为我们的态度，我们有着想要共情的态度。即使不能达到绝对、真正理解的程度，但以自己曾经的经历和感受作为共通因素，我们同样可以连接来访者。所谓共情性理解，不是这个人所经历的事情和我曾经做过的很相似，因而能够产生共情，而是这个人所做的和我的体验有相当的差异，找到为什么产生这个差异，并共同感受这个差异体验，从而使两个人达到更深的理解。我觉得这样说可能更恰当些。

因此，对于那个说要离家出走的孩子，不是去原封不动地感受他想离家出走的心情，而是去深挖自己的体验，从中找寻到“自立”这个共通因素。因为自立的意识谁都拥有，用这个共通因素就可以和孩子形成连接。当然这可能是操作起来比较困难的共情性理解吧。大家如果对共情性理解的认识停留于粗浅的表面，就很可能会以为那个人想要离家出走的这种心情，必须要如实传递给咨询师才行。而我想要说的是，共情的连接应该产生于你自身至今为止的体验和此刻来到你面前的来访者的体验，这两者中的共通因素。要寻找到这个共通因素必定需要相当深度的发掘过程。随着心理咨询师与来访者日渐深入的连接，在我们的心中可能会形成这样的理解，离家出走是为了更好的自立；想要自杀，也是一种置之死地而后生的决心的表现。对于共情性理解，我们是不是可以以这样的方式思考呢？不管怎样，反正我觉得以这样的态度来做心理咨询会更好些。

## “纯粹”

这一章的最后要说说“genuine”，人们对于这个词有很多误解。如果以“纯粹”来翻译的话，因为这是一个日本人非常热爱的词语，我担心会导致对这个词语的理解流于表面和肤浅，所以还是直接用原文了。

打个比方，我对今天约好的5点与来访者面谈很是为难，因为身体感到非常疲惫，特别想回绝这次咨询。于是当来访者到来时，我就直接对来访者说：“今天我不太想和你见面。”可能有人认为这样说坦然率直，是纯粹的。但我认为这是个为时过早的判断。虽然纯粹有自我一致的意思，但并不是这样简单粗暴的表达方式。我认为“genuine”是把自己内心各种涌动的情绪表达出来的意思。所以，对于5点与来访者的面谈，既有因为疲惫而很不想见的烦躁情绪，也有已经说好的约定，不能轻易失信于人的为难心情。而往往从日本的社会规范来看，更多强调的是不可以失约，甚而，在必须做到见面之外，还要显出非常乐在其中的表情。这当然是虚伪的，然而因为日本社会有太多这样的虚伪，所以当有人说“我并不想见面”时，确实会让很多人觉得这是毫不伪装的“纯粹”。可能还有人会赞叹说：“这是本心在说不想见面呀！”但我对这样的说话方式是表示诧异的。因为在这个“本心”中明明有“不想见面”和“不得不见”这矛盾的两方面。两方面都有的才是真正的这个本心。而通常来说，我们很多人往往会把本心中负向的一面尽量扔得远远的。

以这样的方式思考的人，理所当然会经常引发口角。而他往往会指责别人说：“那个家伙太不纯粹（坦率）了！”这种情形在心理咨询中会造成怎样的状况暂且不说，就是在一般的社交中，如果有人说：“一起去玩吧。”对方答应：“好的，那就去吧。”之后经询问了解到对方内心并不愿意去。于是那个人会判断说：“真不是个言行一致的人！”然而在我看来，社交性的来往中，谁都不会纯粹到言行一致吧！众所周知，社交性的来往其实不这么“genuine”反而会更为顺畅圆融。这里我希望引起大家思考的是，如果“genuine”这件事真是如此值得夸赞的话，为什么心理咨询师还一定要在时间、场所的限制中与来访者面谈？

设定咨询的时长和频率，在指定场所，只和这个人见面谈话，我在这里书写的这三个心理咨询条件之所以非常重要，是因为它们还孕育着同样不容小觑的危险性。普通的人际关系，不可能孕育出如此危险的关系。正因为这种关系非一般人所能，所以谁能始终保持这种纯粹的话，那么他就是神了。从这一点上来说，有不想见面的情绪和不得不见的心情这样矛盾的两面实在是合情合理的。我希望大家可以回想起之前所说的二律背反性，这相反两面的不断冲突交汇，最后将两个音调融为一个和声，我认为能够达到这个状态才是真正的"genuine"。当然，做到这一点是非常困难的。

对于心理咨询师的这个状态，可能大家心中会联想到多种比喻，我的比喻是：心理咨询师犹如一个乐队的指挥者，他并不仅仅是聆听旋律，更是在旋律中捕捉从低音到高音的全部音调。我们普通人一般只是在意旋律的悦耳，不会注意到其他的音调，但实际上，正是这些不被注意到的音调组成了优美动听的旋律。而管弦乐队指挥者的耳朵不会放过每一个本真的音调。与此相同，我们人类的内心奏出的音调，无疑比管弦乐的乐器奏出的更为多彩纷呈。我认为当可以高唱出这全部的音调时，就是"genuine"，而这是相当困难的事情。而如果只能奏出交响乐的低声部，很难称得上是真正的(genuine)交响乐。

然而，想高唱出全部的音调，我们却只有一张嘴。而且，我们还不能一次说出两件事。比如说："我虽然不想见你，但想想还是见吧。"或者说："我想着要见你，但还是不想见。"这意思就已经走样了。最真实的，当然就是把两件事同时说出来,但这是做不到的。确实,我们内心翻涌的思绪很难用一个意思表达出来,这正所谓是“词不达意”“言犹未尽”吧。

但既然我们选择了心理咨询师这个专门的职业,我们就应该比其他人更能做到这点。把自己内心高唱着的那些音调,用最能让人领会的语言有效地表达出来,是我们优于他人的、必须练就的能力。这样一说,也许有人会想,那么心理咨询师一定要口才卓越才好吧?其实这完全和口才无关,而是与你内心是否能真实感受那些高唱的音调,并把它们组织成恰当的语言表达出来有关。当来访者奏响他的旋律时,心理咨询师能感知到那个低沉的音域,或者是用语言表现旋律时,身体姿态也在同时回应着那个低声部。在来访者和心理咨询师之间,一定要建立这样的关系,这是共同努力创作一个和声的关系。

我们说心理咨询师必须是一个能够准确表达自己内心想法的人,其实,能够高唱出心中之歌的人,在其他领域也一样存在。比如诗人、小说家的作品,甚至电影或生活格言中也比比皆是。因此,心理咨询师可以从中收获良多。一首诗,一首乐曲,都可以丰富我们的心灵。用一种具有冲击力的形式来表现我们心灵中感受到的诸多高涨的情感,是我们需要学习和研究的。这样想来,心理咨询师必须要不断学习的东西实在是很多呢。

在这里我经常被问到的是,想做好“genuine”却无论如何也做不好怎么办？“genuine”和无条件的尊重无法两立时该怎么办？想法单纯的人认为，如果我想做到无条件的尊重，就只能放任这个来访者想死的心情，但如果以“genuine”来依从自己的情绪，那么来访者如果死了就会给心理咨询师带来莫大的困扰，因此肯定会想说：“死是不可以的。”但就像之前提到的，如果从无条件的积极关注的角度来看，那么就有必要说：“你是想死的吧！”究竟该怎样做才好呢？我经常被问到类似这样的问题。这就要让我们再次回到之前多次提到过的原点，操作这矛盾的两方面就是我们心理咨询师的工作。面对这矛盾的两个方面，心理咨询师变得犹豫不定，只是慢吞吞地听着，而不是毫不回避这两个方面，并在心中警示自己，在迷惑中正视这两个方面。认为只要去倾听，就能够让这个来访者有所好转的话，在我看来是把事情想得太美了。如果都这么简单的话，我们心理咨询师都可以成为亿万富翁了。

我这样说可能还是很难让大家具体地理解这个问题，所以我想尝试换个比较有趣的说法。比如，来访者说想死，但究竟是有多想死，我们心理咨询师很难了解这个具体的程度，所以我们让对方把想死的心情用图案来表示，看上去就是这么大的圆（参考图 4）。对此，心理咨询师把自己想要阻止的心情也根据程度画了一个圆，然后我们把这两个圆视为一体，在两者之间找到一个重心，而这个重心就是我一直以来认准的，我们应该用语言来瞄准和打动的目标。

所谓的重心，就是心理咨询作用于此能够起到最大效果的部分。我们一定要一直瞄准这个重心去击打，而如果能做到这一点，我觉得咨询的效果一定会是最好的。我这样说，大家可能会有“原来如此啊”的豁然开朗之感，不过实际操作起来可能还是会觉得不顺手。但即使在操作中依旧有不明白的地方，这种说法应该还是能给大家一些启发的吧。

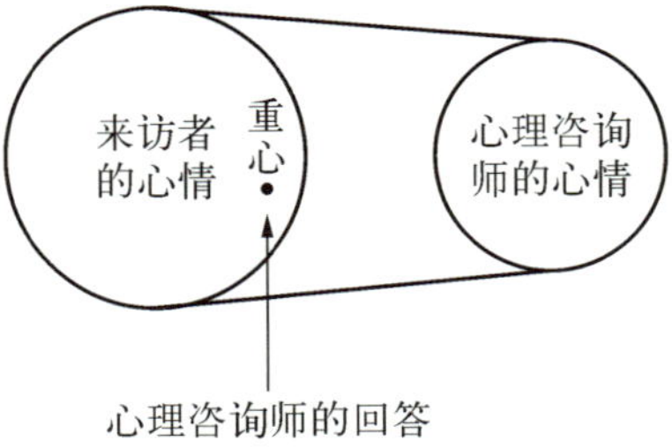


**图4 心理咨询师的回答**

在心理咨询现场，不高明的做法是，武断地下结论：这是我的心情，这是来访者的情绪。不做这样的简单判断，而只是专注于此时此刻你听到的声音，不论是细弱的还是震耳的，全都在你的内心环绕鸣响，这样的心理咨询师可以被称为“genuine”，可以被称为自我一致。不论是好事还是坏事，不论是大声还是小声，让它们全部在心理咨询现场活跃起来，并最终迸溅、喷薄而出。

如果只想到不能让来访者死了，死了会带来很多麻烦，事实上是头脑被不可以死这个想法占满了，无视了对方想死的心情。另一种是只专注在对方想死的情绪上，于是轻易地认为这么想死也没办法，既然是他的意愿就随他去吧，而完全无视了自己想制止的心情。这两种状态显然都不属于“genuine”。从这个意义上而言，心理咨询师不仅仅对于来访者，对于自己也同样要完全地敞开心扉。

在第一章中，我们强调了要“侧耳倾听”，其实，我们的耳朵不光要倾听来访者的声音，心理咨询师内在的声音同样不能疏漏。但就像之前所说的，处理这样一类事件时，我们千万不能忘记，咨访关系一定要设定咨询的时长和频率，并在有限制的场所中进行。如果在普通的社交场合，我们根本不可能处理好这样困难的生死问题。如果在普通的人际关系中，我们也以无条件的尊重来对待对方的言行，就会陷入无法自拔、难以收拾的境地。因此，在社交场合，我们对对方的言行要保持“适当听取”这个距离，以避免这种情形的发生。对于过于沉重的话题，我们宁可不听为好。

如前章所述，心理咨询过程是冲破自我防御，打开一个可能性的世界，走向自性化道路的过程，但这事说来简单行来难，因为自我防御所守护的是其本身极为恐惧的东西。能够把它控制住自然是可喜可贺，但这个控制住的过程充满艰辛痛苦，是很可怕的过程。因此，我们不能简单地弱化来访者的自我防御。如果要采取弱化处理，除了要有弱化这个自我防御的倾听的态度，你必须要有的，是在来访者进入这个可怕地带的时候，你也要有可以和来访者共同走向那个地带的确信。如果做不到，那么这种不够彻底的倾听方式，就像明明知道对方家里的床底下放着一颗定时炸弹，却提出不妨引爆试试看，企图用这样粗暴简单的方式排除炸弹，其结果只能是把整个屋子都炸得片瓦不存。如果你真的迫不得已要这样做的话，那么首先得把这个定时炸弹完全带到外面拆卸才对吧。这一点联系到“genuine”思考的话，靠近这个地带对你自身而言同样具有危险性。对于这种情况，也许在我们心中会自然地滋生出，此时，不反复挖掘而将问题适当的搁置也许更好的念头。确实，对此如果掉以轻心，只专注于对方而迷失了自己，我们很可能被一味接纳的形式所束缚，从而导致咨询失败。

自性化的道路也好，心理咨询师的包容接纳能力也好，都是非常辛苦的。我在第二章中所举的只是个简单的例子，这样简单的情况其实是很少见的。这就像登山，不论附近的山头我登上了多少次，我也无法登顶喜马拉雅山最高峰。这并不是因为这山从未登过所以登不上去。即使是陌生的山峰，依据以往的登山经验，也就是说，以我们的理论知识和生活经验为基础，我们同样能够攀登。但是，在攀登新的山峰的时候，须知这个山峰与我至今为止所登过的山并不全然相同，它具有怎样的意义，这一点是我们必须时刻要思考的。

心理咨询师的工作与此异曲同工，虽然掌握着理论知识，也有生活阅历，但每次面对新的来访者，就是面对新的未知。甚至，与你之前的认识完全不同。这种情形下重要的是，不能忘记衡量自己现在的状态，究竟能够攀登怎样高度的山峰。自己曾经登过几千米的山峰，之后还能够登上几千米的山峰，这一点必须心中有数。对自己的能力心知肚明，这是作为一个专职人员必须具备的条件之一。因为附近的山顶我已经登临多次了，所以我可以去阿尔卑斯山做向导了，如果沉浸在这样的自以为是中，那是相当危险的，请一定要引起警惕。

我曾经看过一部讲述一个人登顶喜马拉雅山的电影，深受感动。为了征服该山主峰，他花费了数十日的时间。从山脚走到第一个登山营地就用了好几天，而且因为天气恶劣，他只能等待之后的机会。这种情况在他登山过程中反复出现。我认为这和心理咨询的过程是完全相同的。实际上，我们所从事的心理咨询工作也不全是自性化，仅仅为了等待晴天，就这样过了一个月，或者是花了三个月的时间才总算到了山脚。还有的登山过程是，花了很多的时日，好不容易眼看着山峰就在眼前了，结果最后因为同伴不幸遇难，大家只能折途而返。历经千难万险，几乎已经看到山顶了，但为了全力救助遇难者的生命，登山者们收敛起征服之心，静静地离开。

这一点，也和我们同样。长时间的等待天气晴朗，花上很长的时间慢慢推进，“此时此刻”的出现，可能会因为一个失败而无法成功。这个时候，只有用尽全力把这个损失控制在最小范围，然后继续等待下一个机会，除此之外没有其他办法。但关于登山者，我时常琢磨的另一个方面是，我们对于所从事的心理咨询这个职业，是否真的做到了像登山者那样做了大量的准备，挺过如此之多的艰辛，并抱有那么坚定的决心。以运动为专业的人，棒球手也好，相扑手也好，登山者也好，都需要经历刻苦磨炼。同样，我们作为心理咨询师，必须时刻谨记要有相当的准备和学习。如果没有这种程度的知识储备和心理准备，那么说不定动不动就会以为，来访者依靠自己的能力进行治愈这件事并不那么费劲，因而对于自己的责任和能力缺乏足够的反思。希望大家如果开始了这份工作，那么就要做好不断努力和积累的准备。

# 第五章

## 一个案例

## 1. “案例报告”的前提条件

在这一章我想就一个案例报告来进行详述。之前都是以理论的形式来分析案例，这里想就案例本身来作些说明。之所以如此，首先是因为各种理论已经讲了不少，而实际操作时照搬理论往往行不通的事情我们经常会遇到。其次是我们发现在实际操作中，一个个难题会不断跳出来，但能够解决这些难题的理论却几乎没有。在心理咨询的过程中，我们经常会感到迷惑、犹豫，甚至是不断地重复着失败，但还是要咬牙做下去。我拿出这些案例与大家分享，就是想让大家对此有清楚的认识。在这之前我们虽然也讲到了一些类似于案例的事例，但那都是为了说清理论而做了特殊处理的，因而显得格外清爽明了。大家可能会因此以为心理咨询大多都是可以这样漂亮收场的，然而实际上恰恰相反，心理咨询中罕见顺利，挫折不断才是常态。现在我就想说说这些并不顺利的案例，我希望大家能够明白，我特地挑选曾经困扰我或让我经历失败的案例的用意。

对于这些案例的呈现，最初还有一个我想要拒绝的理由是，在公开场合讲述这些案例，首先对来访者是非常抱歉的事情，因为心理咨询本应在严守来访者秘密的情况下进行。从这个意义上而言，关于案例发生在什么时候、对谁、是以什么样的形式叙述的，我们都必须以极其慎重的态度对待。我也是这样想的，从我的本意来说其实是想尽量不公开案例，但如果不拿出这些案例又很难让大家弄明白，在这样进退两难之中，我最终还是决定公开案例。

还有一点也是我经常思考的，就是“案例”这个词本身所引起的我的不快。之所以这么说，是因为心理咨询是实实在在的两个活生生的人的见面，但一旦作为发表的报告，就变成了“案例”的语言，一定要从“这个人是这样一个人”这类相当客观的角度观察。于是，这个人是这个种类的性格，这个母亲是这样一个类型，诸如此类，但事实上，我们在一对一面谈的时候并没有这样的客观视角，而更多的是仿佛自觉深陷在主观的泥潭中，并带着这种心情继续咨询。把这个状态客观化，就好似切断了和来访者的关系，这让我感到非常过意不去。但我也明白，客观的叙述还是必要的。

不过，我做不到把一个还活在我心中的个案向他人叙述，说得极端点，特别是在这样公开的场合，这样做犹如扼杀。然而，有时候破坏是为了建设，清理是为了成长，这样想来它又是必要的。只是当这个个案还在成长中时，过早地扼杀会造成不良后果，所以有必要提醒自己该在什么节点作客观化处理。我用了“扼杀”这个非常极端化的表达，换个平和的比喻来说，刚砍伐的新鲜木材是不能造房子的，要等木头干透了才能用。干燥的木材如同我们建构心理咨询的素材。但是过早的砍伐却扼杀了它成为大树的可能，所以在它长成参天大树之前我们要让它茁壮起来。而当那个关键节点真的到来的时候，也需要我们“杀伐果断”。

我现在要分享的已经是四年前的案例了，就我自己看来，是觉得可以适时说说的了。只是我还有一个疑惑，就是之前也说到过的，当我在公开的场合叙述案例报告时，拿出的是在我心里觉得已成为过去的案例，而且因为是以前的案例很多都已遗忘了，虽然不愿承认，但肯定不如正在发生的个案的语言那样鲜活生动。像这样左右为难的情形，我时常遇到。所以现在我只能尽量根据公开的程度来把握，好从以前的案例中挑选适合的。只有在人数非常少的团体活动中，我才会选择那些谈话鲜活的新的案例，当然，这是在确信这个个案不会被盲目扼杀，依然能够成长的情况下。今天所说的因为是个旧案例，所以抱歉我会用比较僵硬的客观化语言来叙述。

## 2. 案例：不去上学的高中一年级学生

### 最初的面谈和孩子母亲的特征

这是一个不去上学的高中一年级孩子。最初的会面是在某年的9月7日。这一天很偶然的是，有个不上学的孩子因为情况好转，他的母亲来我的心理咨询室表示感谢，就在她说着“真是太感谢了”并准备回去的时候，我所说的这个个案的预约者到了。因为孩子本人怎么也不愿意过来，所以是孩子母亲和班主任老师来面谈的。这位母亲给我的初次印象是，虽然来自农村但很有头脑，是个非常聪明的母亲。或者可以这样说，她给我的感觉是：她具有相当出色的防御能力，因此神情平静，很淡定地说着孩子的事情，在谨慎周密的谈话中巧妙地回避了自己的责任。

这里我想就不上学这件事多说几句，做过关于不上学的孩子个案的心理咨询师一定有这样的体会，很多孩子的母亲遇到这种情况是极其痛苦的。对此我也曾发表过相关文字，简单说来，我和这个母亲很难有温暖的接触，感觉总是冷冷的。然而在这样的感觉深处，我却隐隐觉得，这个母亲为了自己的孩子是什么都愿意做的，可以说是有着无意识情感的。虽然在意识层面，这个母亲给到我的是非常冷淡的感觉，但在我内心依然能够感受到母亲紧紧抓住孩子寸步不愿离开的心情。因为在我面前的是这样一个内在强韧的人，我和她谈话时，不禁对自己说："来了个相当厉害的人啊。"

在接下来的约谈时间孩子被带来了，但他本人没有进来，在门外僵持着。这一点就不详说了，总之不管他怎么别扭僵持，最后还是被带了进来。然后他也不面朝我坐，而是看着旁边不说一句话。虽然他不说话，但我这边总是要适当说上几句的："好像你没有去学校吧？""是不想去呢，还是不能去呢？"对于我的这些问话，他都沉默着。就这样，咨询不痛不痒地到了时间，我问道："今天我们没怎么交谈，你下次还来吗？"那个孩子点头回答："来的。"

那个时候，我从瑞士回国还没多久，因此，这也是接受了西方式训练的我，对于如何进行日本人的咨询治疗感到困惑的时期。作为接受过西方训练的心理咨询师，我觉得和这个孩子之间以人与人、个体对个体的关系进行咨询是可以努力的，而孩子母亲因为相当复杂，我想最好不要过多接触，所以这个母亲的心理咨询我决定请他人帮忙，这个个案我和这个孩子以一对一的形式进行就好。

因为这个孩子说再来，所以我在纸条上写上"请在某月某日某时来咨询"并递给了他。我特地这样做是为了明确突出"我和你是有约定"的这件事，没想到，这个孩子手脚麻利地把这张纸条折成了纸飞机，向上一扔，纸飞机飞了起来。这让我觉得他是个做事很有意思的孩子，于是说道："没想到能飞得这么高！"那个时候我的感觉是，我的话似乎令他的内心有了些微的触动。

之后我对这个纸飞机的意义有了更多的了解。对于这个高中一年级学生来说，他既有希望和我谈话后使自己好转的期待心情，也有和这么个人谈话实在很无奈，懒得说话的无聊情绪。他纠结在这两种情绪中，求助的话说不出口，感到困扰也同样不能说，他不知道该如何表达这些情绪。像这样的时候，能够表达这种一半想缔结关系一半想要飞得远远的心情的，可能没有比这个高飞的纸飞机更贴切的表达了。他母亲对此大惊小怪，用“别做傻事”来呵斥他，而我却觉得这个行为非常有趣。

然而，在下次约定的时间这个孩子并没有来。这可以说是预料之中的。之后，在不是约定的时间里这个母亲来到咨询室。这个现象在不上学孩子的咨询个案中是非常多见的。这当然并不属于她计划中的事情，但从我内心来说，这是她希望按照她的步调而不是心理咨询师的步调推进咨询的一个表现。也就是说，她不管心理咨询师在不在，在她自己想要见面的时候就来。对此，稍微说得苛刻一点，就是这个母亲觉得如果按照心理咨询师的进度的话，不知道之后会发生什么事，所以自己一定要做点什么。这个行为就好像在对心理咨询师说：“我为了自己的孩子能好转什么都能做，那么你就请为了我，再加把劲吧！”

心理咨询虽说是跟随来访者的步调进行的，但也不能完全以对方步调为准，时间和场所就只能按心理咨询师的步调来遵守。连这个都要干涉,是这个母亲所希望的。对此我不能让步,又重新改了咨询预约时间。只是到了约定的日子孩子还是没有来。到了晚上,这个母亲打来了电话:"因为我今天有事去了别的地方,我跟孩子说了让他过来,他来过吗?"这个电话是晚上 9 点左右打过来的。这一点,也是这类母亲的特征。显然这是她自己也不曾意识到的,她让自己逃离了心理咨询这个现状,使孩子站在了靶子的正面。当然这样一来,孩子还是没有来。之后就没有了任何联络,正当我觉得自己的能力可能不足以应付这个个案,不知如何是好的时候,10 月初这个母亲打来了电话:"托您的福,孩子去学校了。"

和这个孩子只见了一面,孩子做了个纸飞机,和孩子母亲有过几次面谈,现在这个孩子居然去上学了。这个时候我想到的是,这个孩子上学的举动并不是缘于他的人格内在发生了任何改变。也就是说,接受心理咨询,孩子母亲发生变化,因而让这个孩子也逐渐改变的这个心理咨询的过程,实在太曲折艰难,于是即使是强迫自己,这个孩子也宁愿选择突然去学校,因为这样反而更轻松些。我这样说可能有人觉得费解,但在我看来,这个孩子与其说是想通了才去的学校,不如说是为了逃离自性化这条太过艰难的道路而重返学校的。不管怎样孩子去了学校总是好事情,但我还是担心着这个状态能保持多久。果不其然,过了几天,这个孩子又不去上学了。

## 被要求家访咨询

11月9日，这次不是孩子母亲，而是孩子祖父打来了电话，因为对方“请一定见个面”的要求，我和这位祖父见了面。孩子祖父告诉我：“这个孩子只去了学校两三天，然后就再也不去了，从那以后白天都在睡觉，到了晚上才悄悄从房间里出来。他母亲认定这是精神病，说这个绝对要去精神科看病入院治疗，还给精神科医生打电话说，请他们给孩子打麻药带走，结果精神科医生拒绝了她的这个要求。他母亲想让孩子住院，但我觉得孩子没那么严重。所以，如果您能用谈话治好这个孩子，请跟孩子好好谈谈吧！请无论如何帮我这个忙吧！”

我对这位祖父说：“如果您这么有决心想让他来做咨询的话，那么即使拴着他脖子也把他带来吧！因为我不可以去别的地方见他，他得来我的咨询室。”

一周后，这位祖父带着孩子本人来了。这一次，孩子比之前话多了些。主要的叙述内容是：“母亲觉得我的脑子有问题，想让我住院，我是怎么都不觉得自己是有问题的。然后母亲带了医生来家里，我索性爬上屋顶不下去，医生也没办法只好走了。”但是，在说这些话时他常常会突然中断话头，反复叹息。之后他说下次再来，结果在约定的时间还是没有出现。而且，这次是孩子母亲不再露脸，孩子祖父也没出声，孩子本人也不来了。

那个时候,我真的很困惑。很想为这个孩子做些什么,但如果如他们所愿上门去做咨询又担心造成对方过分依赖,这样一来就真的什么也做不成了。因此,不管怎样我都希望对方能以自己的意志努力走进咨询室来。我想看看对方还可能有的动向。所以即使是这种时候,我也没有打电话去询问类似的话:“为什么不来了呢?”“如果有需要的话就来吧。”就当我这样思来想去,到了11月19日,这次是孩子祖父一个人来的。他对我说:“最近这个孩子不光只是睡觉,还对母亲行为粗鲁,甚至还打了他母亲!”这种现象其实在这类案例中很多见,一般不上学的孩子在其他人看来是温顺的好孩子的样子,但他们往往只对母亲施以暴力。这如实反映了母亲和孩子之间存在的心理问题。这个祖父还说,因为孩子打了母亲,母亲怒气难抑,说要杀了孩子然后自杀。孩子祖父接着语气沉重地说,在自己的家族中好像有祖先是武士,所以曾经听说过他们在非常时期自杀,发生过切腹而死这样的事情。不难听出这话中的意思是,“就是因为你放任不管才会像现在这样的,如果再这样下去,我的儿媳和孙子可能就要死了!”接着他对我说:“无论如何,请您一定来我家看看吧!”

我一直听他诉说着,但最终还是拒绝了他:“如果孩子不来的话,我是不能做这个咨询的。”我的拒绝看似非常残忍。想想看,人都要自杀了,我还在不管不顾地坚守规则。但我知道若是轻易地答应对方,其实问题会更大。而且我曾经见过这个母亲，了解她是个相当强悍的人。如果这样随便答应了，其实就是按照这个母亲的意志而动了，这才真的会后果严重。这一点我想与不上学孩子的母亲交流过的人，都曾经有过这样的经验，因为“请您一定要来”的要求而上门后，“接下来请您这样做”“接下来请您那样做”的要求就会跟着层出不穷。

事实上，这个个案在来找我之前，已经找了好几个地方治疗。在那段时间里，为了带这个孩子去上学，甚至还发生过学校的老师踩着踏板车到处跑的事情。但结果都失败了。那个踩踏板车的老师还遭遇了交通事故。我可是惜命的，这事实在干不了。孩子祖父带着满脸的不满回去了。被死亡这样的事胁迫，我却依然面色悠然地听着孩子祖父的诉说，然后还对他说，“那么，我们下次再见”。其实我只是表面平静，内心却是充满紧张和迷茫的。毕竟，我不按他们的意思做，可能威胁到两个人的生命。

第二天，孩子祖父又打来了电话，这次是说：“今晚可以的话我想到您家来拜访。”我那个时候，还从没有在自己家里接待过来访者。关于来访者和心理咨询师的关系，我已经多次提到过，这是一种深刻但不亲密的关系，因为过于亲密造成的危险性我是了解得太清楚了，所以绝对不安排在自己家里见面。但是，对方特地打电话来说想要来我家见面，对于这位祖父来说，显然是想尽快和我建立更为密切的关系。他可能是这样想的：那位老师耐心听我讲述了这么多事情，看上去还是蛮随和的，但究竟为人如何还不清楚。如果可以去老师家拜访，两人的谈话气氛肯定会更融洽，如果老师答应我去，说明这个老师对我真的还是蛮亲切的。来我家拜访这件事显然出于这样的试探心理。我知道对方到我家来，肯定会继续重申之前的谈话，请求去和孩子见面，这个情境不难想象，但如果我拒绝这个请求，那就等于切断了我和这个个案的所有关系。而如果我还想尽力而为的话，那么这个拒绝的话就难以出口了。其实对这个高中一年级孩子，我从第一次也是唯一的一次见面中感受到的是，我们两个有相通的地方。从这个孩子放飞那个纸飞机开始，我就非常喜欢他。因此，当我想到那个孩子时，无法做到心无挂碍。

## 下决心解决难题

在我这样反复思量犹豫不决期间，正好孩子母亲的心理咨询担当者，我的同事高桥来我家玩。我对高桥说了我的困扰："现在电话打过来了，我现在不知道这个咨访关系是维持好还是中断好。这样中断觉得对不起那个孩子，但是如果我按他们的想法做，又有违背职业操守的危险。"个案进行到一半，和其他人交流个案情况，这在我的职业经历中是绝无仅有的。要不是到了让我如此进退两难的地步我是绝对不会咨询别人的。之所以这么说，是因为我觉得这种内心的煎熬，这种不知如何是好的忧心忡忡，也是心理咨询中的一个不可忽略的过程,这个念头如此强烈,以至于让我不太愿意去找人交流。但那一刻积攒的话语却一下子流淌了出来,而高桥其实只是"嗯嗯"听着我的滔滔不绝,什么也没有说就回去了。高桥这样做,显然是一个最好的应对方法,而我也在向高桥叙述的过程中,内心深处非常明确地坚定了一个想法:这对我来说是个不可以放弃的个案。于是,虽然知道这可能会使心理咨询陷入危险,我还是下了试试看的决心。

在这个方面我可能要说些相当理论性的话了。之前说到这个母亲,我曾经说她看似冷淡,难以用心交流,其实她在内心深处又是个紧紧抓住孩子不愿放手的人,我认为这样一个母亲作为我的个案中的关键人物,如果她不改变那么孩子肯定走不出困境,对此我感到一筹莫展,束手无策。然而,实际上以这样的方式思考正是我的问题所在。遇到这种类型的母亲,我作为一个心理咨询师,哪怕是稍微试一下也好,也要去体验一下紧抓住孩子不放的这个母亲的感受。不是去努力改变孩子母亲,而是体会孩子母亲那种死都不怕的凛然之心。我这样琢磨后,觉得有必要像这个可以为了孩子什么都愿意做的母亲一样,下决心去冒险,做一些从未尝试过的事。

于是,我很快联系了孩子祖父,答应他晚上见面。让我非常欣慰的是,这次孩子祖父和母亲一起来了。此前对这位母亲的感觉有点像至今只见了一面的敌方大将,突然不见了踪影,完全躲在隐蔽处一样。所以孩子母亲的同来让我非常欣喜。接着坐在我面前的孩子祖父和母亲就像开讨论会似的相互争辩起来，母亲说："那个孩子脑子已经有问题了，他需要入院治疗。"祖父说："你这样做，我是绝对不允许的。"

我在一旁沉默地听着。等他们停下争论后，我说道："首先我能很清楚地告诉你们的是，你们家的孩子头脑没有任何问题。其次我要说的是，虽然他的头脑没有问题，但目前的状态是需要治疗的，治疗可以在医院的精神科医生那里，说不定这样做比来我这里咨询更好。当然也有可能在我这里能够更快好转。究竟怎样真的谁也不知道。我所希望的是，你们家的孩子能够好起来，目的不在于让我来治疗，如果你们想去精神科治疗，我非常乐意介绍相关的医生。如果想在我这里接受咨询，我也非常欢迎，但条件是，既然来了，我们就要同心协力。还有你们家的孩子不去学校这件事，并不只是孩子自己的问题，我认为是整个家庭的问题。所以，要治好孩子，妈妈也好爷爷也好，你们要目标一致，就像全家人一起登山一样。只要你们不喊停，这个山我会和你们一起攀登，也绝对会走到最后。当然，如果觉得我不合适，找其他心理咨询师也是完全没关系的。"我这样说了之后，感觉他们和我的心更靠近了些。他们说道："请老师一定帮忙！就这样定了。"我也回应道："既然这么说，那么我明天会去家里拜访。"

## 一起去骑自行车

这个时候，因为我已经做了决定，所以第二天就去了那个孩子的家。因为是白天去的关系,那个孩子还在睡觉。那个孩子的作息昼夜颠倒。但让我意外的是,知道我到了之后,他微微笑着从房间里走了出来,看上去蛮开心的样子。那个家给我的感觉是,房子非常大,只是又大又冷又暗。

我因为感到很难忍受在那个家里和这个孩子交谈,便提议道:“我们去外面走走如何?”这个孩子对这个提议显然非常乐意,于是我又说道:“那我们骑上自行车随便去哪里逛逛,你觉得怎么样?”我为什么这样说呢?因为我了解到,这个孩子整个白天都在睡觉,但到了晚上,他就会骑上自行车到处跑,而且经常跑得很远。对这个行为我的看法是,这个孩子真的有被母亲紧紧地封闭在那个家中的感觉,所以连学校也不去了。但是,在内心深处好像和母亲紧紧粘连的这个孩子,他内心中的某个部分,却跃动着想要独立,想要自主的意愿。这个时候,虽然无法真正的自立,但作为对自立的一种模仿,哪怕骑着自行车在无人的黑夜疯狂奔驰也是好的。也就是说,这个孩子真正的自立心还没有被驱动,而是活跃在看不到的地方。当然,对这一点他本人也是完全没有意识到的。我这时提出一起骑自行车的建议,就是把这个孩子想冲出家门,只要能够远离家,不管哪里都可以去的这种心情行动化。我想和他一起试试看。

当我们骑着自行车闲逛时,这个孩子的话就多了起来。我没想到至今为止那么沉默寡言的孩子,居然如此能说会道。“其实我从上小学时就不去学校了。初中的时候也是,幼儿园的时候也是,好像很早就讨厌学校了呢。”他告诉我他的各种履历,听上去他从幼儿园开始就是个不去上学的“老兵”了。他自己也困惑,“我自己也不知道是怎么变得不能去上学了,又怎么变得能去了”。我们骑着自行车走了相当一段长路,两人都觉得心情很好,然后我跟他告别准备回家,想不到他却提出“我送老师回家吧”,接着就一路到了我家门口。我还来不及阻止,这个孩子就先我一步进了我家门,我吓了一跳连忙冲进去一看,他竟然和我的孩子玩上了。就像我之前说的,理应不能亲密的咨访关系,竟然在这无法预料的展开中,使这个孩子和我的孩子也变得亲密起来。

## 心理咨询开始前的事情……

这个时候我所想到的是,这个孩子的治疗,已经不能如我之前考虑的以“深刻但不亲密的关系”那种方式来进行了,因为我们之间不在某个地方建立起相当紧密的关系就无法推进这个咨询。但我知道随着亲密关系的建立势必会失去深刻的探索。这就意味着,关于这个孩子为什么不能去上学,这个孩子究竟在做着怎样的自性化的工作,还有他的母亲究竟是怎么想的,等等,这些前一章叙述过的有关人格改变的有意义的心理咨询内容,都要被搁浅了。然而尽管无奈,对于这个孩子,我所能做的也只能是一起散步,一起冲出家门，一起游戏，除了这些我想不出更好的办法。

当我这边在苦思咨询方向，觉得目前只能依靠这个方法的时候，那个孩子那边对于骑自行车出游这事却是兴致勃勃："我想和老师一起带上便当随便去哪里远足。"正巧，接下来的 11 月 23 日是假日，于是我们决定带上便当去郊游。这里想说一下，我在这段时间里，把主要精力都尽量放在和孩子本人的关系发展上，即使去孩子家里，也尽可能不和孩子母亲或者家里其他人交谈。这样做的理由是，从这个孩子的角度看，他不知道你究竟是他的同盟还是母亲的同盟，你不管和谁接触都可能会造成事态复杂化。这是我不想看到的麻烦状况，所以我尽量聚焦孩子本人。

这一天，我第一次见到了孩子的父亲。在这之前，我对于这个父亲是否存在是模糊不清的。在一般不上学孩子的个案中父亲大多是这种情形，他们属于家庭里权力较弱的一方，大多数事情是由母亲做主。还有像这个少年是独生子女，这在不上学孩子中也是普遍现象。

总之，这样一来，这个孩子非常频繁地来我家。他之前曾经那样逃避与我见面，现在却隔三岔五地出现在我家里。他都是晚上来，先往窗户扔个小石子，等我听到声响打开房门，就看见这个孩子了。他还无法做到站在大门口说声"打扰了"，然后以一对一的关系进入房门。所以要扔个石子，等我打开门说声"进来吧"才进门。对于这样超出常规的展开我也感到不同寻常，为此也是下了很大决心的。既然孩子没有得到母亲的温暖,那么我只好成为那个为了孩子做什么都可以的母亲了,因为有了这样的想法,所以也就有了“既然已经做到这一步了,那么就索性做得更彻底些吧”的决定。于是,当孩子来到门前,我会说:“来了,进来吧!”干脆地把他让进门,这个孩子每次进门,都看上去很愉快的样子,但我们很少交谈,好像也没有什么可说的。虽然什么都不说,但他会坐在我的旁边,偶尔说几句,或者是看看报纸,然后自己觉得差不多了,就麻利地回去了。因此,那个时候我们会 24 日、26 日、28 日这样隔天就见一面。说是见面,其实就是他过来。

我听着他有一搭没一搭的谈话:“我们家虽然务农,但我妈妈还经商,她经常外出工作。所以在我很小的时候妈妈就经常因为工作不在家,我爸爸在公司就职,祖父去农田里干活,我就是被保姆一手带大的。”看来这就是他和母亲的接触如此单薄的原因。一个拥有大农场的家庭,为什么母亲会不管孩子外出行商?留在家里照顾孩子,不是比外出辛苦赚钱更好吗?我对此感到疑惑不解。

这段时间,除了牺牲咨询的深度以期保持关系的紧密之外,我没有其他方法,比起内在的改变,现在我首要做的是让他感受到这种紧密的联系,让他知道母亲就在身边,也就是说,我想通过成为母亲,从这个体验出发展开工作。为此我做了很多积极的尝试,和家人远足时,我也会带上便当邀他一起出行,像这样的事持续了一段时间。

## 终于开始正式的面谈

即便如此，我还是渐渐地把正式的面谈放在了我所执教的大学的咨询室里进行。咨访关系毕竟和普通的交往不同，即使关系走得很近，我们之间没有变得过于亲密，也没有家庭和家庭之间的交流。对我来说一旦形成这样的关系就是咨询的终结了。回归到心理咨询师和来访者的关系之中，他成为一个离开我能够以自己的能力站立起来的孩子，因为对这个孩子有这层期待，所以我把面谈安排在大学咨询室里。于是这个孩子虽然还来我家，但面谈的时间他会来大学见我。

12 月 7 日，从我们真正意义上的面谈开始才一个月，但因为经常见到他，所以在我的感觉里我们好像已经认识很久了。12 月 7 日这一天面谈的时候，这个孩子说出了这句话："我从明天开始去上学。如果给我买自行车的话我就去上学。"如果给我买自行车我就去上学，说类似话的孩子有很多。对于这些孩子而言，自行车是自己从家庭中独立的象征，是完全可以按照自己的意愿自己的情感支配的物件，因而意义重大。在我所知的咨询案例中，就有三四例因为买了自行车就去上学的。所以对于这个孩子说出这句话，我感到特别开心。其实我知道这个孩子家里有自行车。但是，他想要新的自行车。他说前天晚上，他特地从自己家里骑车去了学校，那是一段长路，他花了近两个小时才到。他这么做是为了精确计算一下骑车去学校的时间。然后,他说出了这句“如果给我买自行车我明天去上学”。

## 被教会了“不能过于乐观”

这个进展,让我倍感兴奋。当这个孩子问我接下来该做什么时,我笑着说:“那请你妈妈一起过来,我们在她面前商量这件事。”孩子叫来了母亲,三个人讨论了这件事,孩子母亲也显得特别开心。她兴冲冲地说:“回去的时候我们就去自行车行看看。”就这样,母子两人在我面前决定了去自行车行购买孩子喜欢的自行车这件事,然后跟我告别。正当我沉浸在喜悦之中,想着这段时间的辛苦还是有价值的,深夜里,突然接到了孩子母亲的电话:“我家孩子又去了老师的家了吗?”当知道孩子没有来时,她紧张地说:“这事情麻烦了!”然后她叙述了与我告别后发生的事情。“我当时是想着给孩子买自行车的,但想还是要跟爷爷商量一下,所以回家的路上就没去自行车行。到家跟爷爷说了,爷爷反对,说是,‘如果你这么吃力地花两个多小时骑车去学校,那还不如坐公共汽车方便,公共汽车价格又便宜,你也不会吹风感冒’。这样说来说去,孩子对去学校这事又开始烦躁了,结果等爷爷的说教一结束就甩头出了家门。我以为他是来老师这边了,但现在都快12点了还不见他回来,所以我打电话是想请老师跟他说差不多也该回家了。”

当得知孩子没有来我家时,家人都焦躁起来,忧心孩子离家出走了。我也变得非常担心,因为当孩子说出“去学校”时,我也是放任了自己,过分表现了我的欢喜心情。

我欢喜过头的表现,其实等同于在说“你要去学校”。作为一个心理咨询师的立场,去不去学校都无可厚非,这才是心理咨询师面谈时该有的表现。而我对来访者的言行表现出的欢喜,其实是对来访者施加了相当的压力。这并不是说心理咨询师不能表达喜悦心情,喜悦的时候当然可以表达,但必须是适当表达而不能过头。因为这一不留神就会变成无视来访者的感受,把心理咨询师的想法强加于对方。就像这个孩子,当他看到老师为他能去学校感到那么开心,母亲那么开心,但自己虽然想去上学却怎么也做不到,这种想去的心情和不能去的心情挣扎纠缠到最后,无计可施之下,这类孩子特别会做出离家出走的行为,甚至还有可能有自杀的举动,当然这种情况为数不多。

对于这件事的发生,我也是始料未及,于是大半夜我和孩子父母骑着自行车到处寻找,却哪里也找不到。毫无办法,我们只能各自回家。到家后我和妻子说:“把家里的电灯打开吧。这样孩子可能会觉得我们还没睡下,说不定会扔个石子。如果你听到声音就出去看看。”没想到这个时候,那个孩子正好就站在我家窗下,他听到了我和妻子的这番话,于是安心地扔了个小石子,当我打开窗户对他说:“哦,你来了呀!”他对我说:“老师,你说的话我都听见了。”房子小的好处这种时候就显现出来了。虽然孩子没去学校，但也没有做出离家出走这样让人担忧的事情来，我大大松了一口气。

## 虽然下了上学的决心……

接下来的面谈日子是 12 月 12 日。我因为对之前的事情感到抱歉，所以咨询一开始，就先对这个孩子说："一开始我曾经跟你说过，学校你去还是不去都没有关系。但在你说出要去学校时我却显得特别高兴，这是我说话不算话了。对不起！"当听我这样说后，孩子突然开始说起了往事。小时候不去学校的那些事都一股脑儿地说了出来。接着他说："前几天你把妈妈都叫来，是有点欢喜过头，这次我谁都不说，自己一个人去学校。"我说："可以呀。"面谈结束他回了家。到了晚上 12 点，我又听到石子的声音，孩子进门就对我说："虽然我下了决心，明天一定去学校，但不管我怎么有决心早上都醒不过来。"不上学的孩子惯常都会如此。不管怎么下定决心，到了早晨就是睁不开眼睛，这种时候如果父母来叫起床，孩子更是火大，于是大吵一场，更不愿去学校了。"所以，我想了个好办法。从现在开始我不睡觉，这样一来，我就不用担心明天睡不醒了。我家里不让我彻夜不睡，所以我想在老师家熬一晚。"孩子不无兴奋地跟我这样说。

说来真是无巧不成书。我因为第二天在京都大学有个心理治疗的讲座，当时正在写有关讲义。"与来访者要建立不亲密但深刻的关系。”这就是我写在笔记本上的句子。这个孩子在我旁边用半睡半醒的眼睛瞄了几眼。我一边在笔记本上写着“必须回避与来访者之间的过度亲近”，一边禁不住苦笑。看着他瞌睡的样子，我让他还是安心睡觉，我负责叫醒。等我讲义写了差不多时，孩子已经在一边睡着了。我给他盖上被子，自己也去睡下了。到了早上，发现孩子不在，一问之下，说是在老师家吃早餐太过打扰了，所以先回一趟家再过来。之后孩子来了，却迟迟不能出门，踌躇半天，说：“老师，可以陪我吗？”我说：“好吧，既然这样那我陪你去。”虽然这么说，但到了公共汽车站，孩子又迟疑着迈不开步子了。

孩子祖父从第一次见到我，就不断请求过我：“请老师坐出租车带他去上学吧！哪怕一次也可以。”重要的是他自己却不用这个方法带孩子去，“老师带他这样去一次就可以，这样去一次，他就可以养成习惯”。这是孩子祖父的理论。那个时候，我都以“是，是”来回应他，并没有照做，但目前这种情形，我想既然已经到了这里，那就坐出租车去吧。

这个时候我想到的是，至今为止我都是扮演着母亲的角色，慈爱地抱着孩子，围着他转。现在这个孩子既然下了如此决心，那么不管他怎么烦躁不安、焦虑害怕，都已经到了非去不可的地步。而我此时应该扮演的就是父亲的角色。在这个家庭里，父亲是个过于弱势的存在，所以我认为现在到了由我来完成这个角色的时候了。因此，我坐上出租车时，脸色冷峻严肃，那个孩子之后跟我说，“我从未见过老师那样可怕的脸色”。当时我什么也不说，只是沉默地坐在后座，想来脸色一定很难看。到了中途，孩子下车想走向校门，但他真是一步也跨不出的样子，停在了那里。我既不说“走呀”也不说“不要去了”，而只是站在那里不动，脸色严峻。这样一来孩子开始一点一点挪动了步子。终于他开口说想要叫班主任出来，我打了电话。班主任很快就迎了出来，他是个看上去非常热心友善的人。但不管班主任怎么招呼，孩子还是不动步子。正当我为难的时候，这个孩子转头说道：“进门的话还是我一个人进吧。”就从边门跑了进去。看着他这样进了学校，我也安心去了京大。

## 说“那孩子是不是精神病”的母亲

正当我以为这孩子终于去了学校，第二天晚上，孩子母亲打来了电话。“那孩子还是没去学校，”她用很平淡的语调对我说：“他没去学校，晚上又出去了，到现在还没有回来，是不是又来打扰老师您了？”我完全以为他已经可以去学校了，听到这些话感到特别震惊。当知道孩子没有来后，这次是父母两人一起到了我家。“昨天虽然承蒙老师特地坐上出租车带他去学校，但他没过多久就回家了，而且今天也没去学校。唉，他是不是就是精神病呢？”这样的话，孩子母亲已经说过好几次了，一个不好，她就会冒出这句“那孩子是不是精神病啊？”

这种心情我是非常理解的。虽然在这位母亲的内心深处，有着与孩子绝对不可分离这样强韧的联系，但另一面，也存在着非常强烈地想索性就分离的反作用力。任何一个母亲对于自己的孩子，都有这两种撕扯的情感，由于它们被深藏在无意识中，这种对立就变得更为尖锐。因此，不像普通的母亲那种普通的爱护孩子的方式，而是不论联系还是分离都表现得格外强硬。孩子是精神病所以必须住院，这个固执的判断，就是被内心这种分离方式所驱动的。还有这位母亲多次对我说过的“我想杀了那孩子，自己也死了算了”这句话，也是这两种对立情感的极端表现。

这位母亲对我说了很多关于孩子是精神病，自己想死等等的话后，终于心情平静了下来，然后他们表示要转换心情继续耐心等待孩子转变，之后两人回家了。没想到，他们刚走，这个孩子就进门了。他说了昨天去学校的情况，“那个时候，我从边门跑进去后，直接就去了厕所，在里面一直待了四个小时左右就回了家”。原来他是如此无法去学校。我现在想来，对于这个孩子不能去学校已经到了如此严重的程度，我那时是并不完全理解的。显然我是过于急躁了，早早地扮演了父亲的角色。但让我对之后的咨询推进更有信心的是，尽管我用了这样操之过急的方式，这个孩子竟然还是勉强自己去了。

这之后我们又和以前一样，14 日、15 日、17 日……有时每天，有时隔天，经常见面，这里就不详述了。这段时间孩子对我说了许多话，21 日那天，孩子这样对我说：“我小时候，常常一个人在家，特别寂寞。”他说了很多以前的事，那时候因为觉得总被大人扔下，忍不住怒气，就会把纸拉门上的障子纸全都给捅破；有时一个人在家，还会到处踢东西，到处砸东西。他还说虽然自己做了这么多荒唐事，但父亲也好祖父也罢都没有对他发过火。“结果就是这样，从我出生到现在，谁也不会对我真的发火，真的生气，不管是爸爸、爷爷，还是妈妈。”

## 忘记了面谈约定的我——它的意义

我们这样的面谈持续着。那个时候的我，对这个孩子可以说是全力以赴，就像成了他的母亲似的，不管他要什么只要能做到的都去做，想见面不管何时都能见，叫我外出也不管何时都答应。

但这时有趣的事发生了，我竟然将和他约定的在大学的面谈完全忘记了！那是 12 月 24 日，因为想到年末会很忙碌，想着这一天没有任何安排，我就去大阪购物了。在去大阪的电车上，我还想着有关这个孩子的种种事情，咨询该如何推进、以后该以怎样的方式见面等等，却完全忘记了这个时间恰恰是约定的面谈时间。直到买好东西的回程途中才突然想了起来。这让我大吃一惊，回家连忙打去道歉的电话，孩子母亲接的电话，连连说：“老师一直照顾我们，偶尔忘记这么一次也没关系的，我们不会在意的。”最近以来，孩子母亲的感觉也变化了很多,随着时常的见面,亲和了不少。但我还是坚持道:"不,不,这事让我感到非常过意不去,虽然你们两个都一再说没关系,但毕竟孩子特意过来,好不容易他有了振作起来的可能,而我在这种时候居然忘记了约定,实在很对不起!所以我可以现在过来做这次面谈吗?"

忘记面谈这样的事是极少发生的(这个案例以外,我也发生过一次,那也是极有意义的一个事件),这让我想到的是,这是不是因为我做着我所能做的范围以外的事情,已经超出了我的界限。这还让我想到,为他人尽力而为是好事,但如果为此逾越了自己的界限是不是还值得称道呢?其实人们完全有自己振作起来的能量,我意识到自己费尽心力所做的这些并非有益,这让我改变了想法。本来,我是准备年末年初都不休息,加紧把手上的事完成,但现在反省之后,觉得人就应该休息的时候休息,工作的时候工作,这才是心理咨询本该有的进行节奏。于是,我给了自己一个新年假期。

在心理咨询的进行过程中,每次都有一个间隔,这个休息我认为是非常重要的。在这个个案中,我显然疏忽了这一点。当我们超越自己的能力为他人尽心尽力,殊不知这番所为可能反而会给他人带去困扰。正是因为我如此过度的努力,使得这个孩子根本没准备好去学校但还是逼迫了自己。想到这点,我决定年末年初让自己好好休息一下。

## 离家出走被警察抓到

但我的休息计划还是被打乱了。因为年末这个孩子和母亲大吵了一场,使得我又去见了他们。这一次孩子做了非常过分的事,他的母亲实在气不过,忍不住对着他怒喊:"滚出去!"结果这个孩子真的扭头就走了。这之后警察打来了电话,才知道因为年末警戒的关系,他被警察抓了。我了解到这些情况,心想虽说是年末休假,但遇到这样的突发大事也是没办法,所以连忙跑去了。这个孩子出了家门后是真的不想回家了,当时他准备在附近停靠的汽车中过夜,所以摸着一辆辆汽车想找到哪个车门是可以打开的,进行年末警戒的巡逻民警看到他,自然认为形迹可疑。一个在大冬天没穿大衣,在别人车辆前转悠的人,那肯定是偷车贼呀!警察二话不说就抓了他,当然之后很快就了解到他的身份,立即放了他。

我见到孩子本人后,很严肃地对他说了这一番话:"你白天睡觉晚上出去,已经是很任性的行为,这么冷的夜晚连大衣也不穿,还到处拉拽人家的车门,把你当小偷那是理所当然的。今天幸运的是很快就释放了你,如果把你抓起来关到拘留所待一段时间,和警察在一起,那滋味就不会这么好受了。以后不想这种事情再发生的话,晚上就别出去了。"

作为心理咨询师,其实我们的面谈都应在非指示性的状态下进行，当然也不能使用指令式语言，但因为这个孩子实在是做了件危险的事情，我觉得非常有必要制止。这种情况下，我认为不管我说了什么指令式的语言，都与之后见面时的非指示性态度不会有矛盾。有些时候有些话是绝对要说的，这并不构成矛盾。事实上，我们都对这个孩子想离家出走的心情非常了解，明白他有这样一份独立的愿望，但大半夜被警察抓住这样的极端做法是不可取的，即使我们感受到这个行为的意义，对这样的行为也一定要制止。从那以后，这个孩子很少大半夜在外面溜达了。

## 第三学期近在眼前

过完新年，第三学期开始了。如果孩子可以从这个学期开始去上学的话，那么他还有升级的可能。孩子祖父因而变得急躁起来："老师，请您像上次一样坐出租车带他去学校吧！"这样的话，他反复说了多次。每次他来见我并重复这些话时，我都以很认真的态度一直听着，但就是没说"那我就这样做"这句话。我真的就只是非指示性地全神贯注地听着。

这里发生的事我就稍微省略了。1月7日那天，这个孩子看上去有点变化，那个晚上他来时剪了头发。至今为止这个孩子都是留着一头长发的，现在干干净净地剪了发。不上学的孩子在上学前剪发的例子也是很多见的。剪掉头发，显得格外利落整洁，而从这个举动中似乎也传递出了一种想要寻求改变的心态。这种情况，并不仅限于不上学的孩子,当希望自己走向更好的改变时,很多人也会做出剪掉头发这个行为。

再说这个剪了头发的孩子,他进门对我说:“我明天说不定会去上学。”然后他又像之前一样,说是在我这里过夜。这个时候他的母亲也在,于是在一旁说道:“又说这种傻话,如果真的想去上学,从家里出发不是也可以吗?”但孩子很坚决地说:“不,我就在这里过夜。”母亲上前拉起他的手说:“我们回家。”这时,孩子突然说道:“如果你真想这样拉着我的手,为什么不拉着我的手带我去学校!妈妈你哪怕只有一次这样做过吗?”这话说得太痛快淋漓了!牵拉着这个孩子的手,带着孩子一起去上学这件事,真的不管是母亲也好还是父亲也好都从不曾做过。希望他人带着孩子去倒是说过无数次。

到了准备去上学的这一天,孩子祖父的电话打来了:“我家孙子还在睡着,老师请想想办法吧!请你一定来家里一趟吧!”听上去很着急的样子。就像我之前说起过的,我曾经因为操之过急而轻率地扮演了父亲的角色,所以现在的我,又必须再次回到母亲这个角色上来,带着这样的想法,我骑着自行车赶去了。这里我必须明确地重申,像我这样一次次地与来访者见面,还做各种职责之外的事情,这绝对不是好事!不出现这一类情况,而只在心理咨询现场面谈,这样的治疗和治愈过程才是最佳的。对于我所面临的局面,虽然我能给自己找理由,说如果不这样做,这个心理咨询就无法继续了。但其实说到底,就是这个孩子的问题太大了,光靠面谈来解决,即使以我的力量和这个孩子的能量,再加上这个家庭全员的合力,也还是无能为力。我对此无奈,所以只能去见面。我是一边骑着自行车一边这样想着:“如果是伟大的心理咨询师,一定不需要这样做也能治好吧。没有办法,我除了这样做也没有其他办法了。”事实上很多时候,与人相关的种种,都会让我们产生这种束手无策的无奈感。

到了孩子家里,孩子还是没有起床。我走过去坐在地炉的一端,孩子祖父对着旁边的房间,不住地叫着:“喂,快起床了!”“快去学校啦!”孩子母亲对我说:“我去把他拖起来。”但她并没有真的去拉他起床,而是在一旁转来转去。然后母亲对祖父说:“这次爷爷你去叫他起床吧。”接着轮到祖父在那里转来转去。显然两个人内心最想说的话是:“老师,请你叫起他,带他去学校吧!”但当着我的面却怎么也说不出口。我对此心知肚明,保持着沉默坐在那里,到了差不多的时候,我站起来说:“好吧,那我先回去了。”就回家了。

通过这件事,我深刻体会到孩子说的“谁也不会真的拉我起来”那句话,果然是所言不虚啊。但尽管如此,这个孩子身上还是产生了些逐渐好转的迹象。他最近依然一到晚上就来我家,不过是穿着校服来的。

## 我的咨询对象是他们整个家庭

1 月 9 日的晚上,这个孩子来我家玩的时候,他母亲也跟着来了。然后母亲打开了话题:“他爷爷总是不停地打电话给老师,说什么坐出租车送孩子去学校什么的。真是过意不去。不过,他爷爷这样做也是有他的道理的。他对自己的病不是很清楚,其实他的身体撑不到今年春天了。可能爷爷也有点感觉到自己的身体越来越差了,所以想在自己的有生之年,亲眼看着家里的继承者,这个长孙能好好去上学。我也想在公公还在的这段时间里,能让这个孩子去学校。所以才这样三番五次地来这里打扰老师。”听了母亲的话,这个孩子感到非常震惊。这是他第一次这样清楚地知道祖父的病情。

这个话题的发展我在这里就说得简略些了。总之,孩子母亲把这个家庭的历史非常详细地告诉了我,我们谈到很晚。大致情况是,在祖父的上一代,这个家庭经历了破产。几乎是在一无所有的情况下,这个孩子的祖父母和双亲合四人之力,卖掉仅有的房子,然后重新辛苦起家的。对此这个孩子当然一无所知。当时的他们,一起努力把原来的土地一点点拿了回来,一起经商把失去的钱财一点点赚了回来,才终于有了现在的家。所以这个孩子自然只能一个人在家留守了。这时,母亲第一次对孩子说道:“你可能觉得我们把你一个人丢在那里不管,可我们这样做真的是没办法,我们更痛苦啊!”我听着她这番详细的叙说,心中的感受是,这个家庭全部的历史压在了这个孩子的肩头,成了重负。从祖父的立场来看,好不容易在自己这一代重振起来的家业,到这个孩子继承的时候是否又会遭遇破产的厄运?祖父的这种焦虑心情可想而知,而强烈焦虑的另一面则是祖父同样强烈的期待。然而祖父已命不长久,在这种时候,大家更将期待寄托到了这个孩子身上。

听了这番话,我对于自己为什么一边想着要保持与来访者的关系,要止步于过于紧密,一边又被这个家庭吸引进来的意义,有了些许了解。回想最初,我遵守心理咨询的原则,让孩子与母亲分别进行心理咨询,但没有奏效,结果是我不得不一个人进入他们整个家庭之中,而现在我领悟到,我不是在对这个少年做个人咨询,我的咨询对象,必须是这个家庭的全员。

和西方不同的是,这样的情况在日本是相当多发生的。心理咨询对象不是个人而是整个家庭,并且是背负着长久历史的家庭。正因为这样,我想这个少年频繁钻到我家来这种事的发生,也是我没法逃避的。这段时间,我去这个孩子家时,关键场合父亲却不在的情况时有发生,祖父、母亲、孩子和我四个人围坐在被炉边交谈,我真的有坐在父亲这个“位子”上的感觉。

在我听了一段时间大家的谈话后,我对这个孩子说:“现在我听了这些话,觉得你不能去学校也是情有可原的。我能感受到你背着整个家庭这个重负的不安和吃力。因为你还是孩子,所以家庭的重负全背在你的肩上时,会让你不能动弹,而那些尽管背着重负也仍旧能够说我能做到的人,就是成人了。我想说的是，能够自己创造历史的人才是成人。你的母亲第一次对你说了这个家的历史，这是不会对一个孩子说的家庭历史，而现在她在这里说了出来，就表示从今天开始，你的母亲是把你当作成人了。作为成人，你要背负怎样的历史，由你的意志决定，也就是说，由你来决定以怎样的方式生活。我对你至今为止不能去学校这件事非常理解，那么从今往后，你是去学校，还是不去，这件事也完全由你自己的意志来决定。”听我说完这些话，这个孩子对去上学似乎有了相当的决心。

## 心理咨询师的愤怒

第二天，我又接到了电话。“我家儿子还是不起床，请您过来看看吧！”我去了之后，情形和以前没什么改变。父亲不在家，一到有大事发生的时候，父亲不是值班就是去哪里公干了，总之是不在家。因为怎么叫这孩子也不起床，祖父和母亲就在那里心神不安地走来走去。然后我也忘了不知是祖父还是母亲，走到我身边对我说：“老师，请你把孩子叫起来吧，请你带他去学校吧！”这时，我突然怒气上涌，对着祖父和母亲怒吼起来。并没有什么值得我如此生气的理由，但不知怎么我竟然控制不住自己的情绪。

“你们一直让我去叫他起床，叫他起床，这个孩子其实和我没有任何关系，你们才是他的妈妈，他的爷爷，不是更应该你们去管他吗！你们至今为止有过一次真心实意地去拉他起床过吗!”现在想来,虽然能够理解自己当时的气闷和情绪,但我并不觉得这样做是好的。我当时确实没有控制好自己的情绪。因为我这样的大声发火,孩子从房间里走了出来,然后他穿上了校服,可我依然怒气未消,对着他说:“这个时候穿上校服想去哪里!”他回答道:“我去学校。”“那就去呀!”这样说着,我们一起去了学校。

对于我怒吼这件事,我想说的是,虽然我知道这样做不好,但自从和这一家人一起围坐在被炉边的那一刻起,对这个家庭而言,我已不仅仅是一个心理咨询师,还是这里的“父亲”。之前也说过好几次了,这个家庭里没有严厉的父亲,母亲也好祖父也罢都在这个孩子的问题上严厉不起来。这种情况下,随着我逐渐深入这个家庭,终于在最后我成了严厉的、怒吼的父亲。我不知道这个情况如果放在今天我会怎样处理,但在当时,我就这样去做了。因为我的怒吼,这个孩子和我一起去了学校,我们在校门口分了手。但遗憾的是,孩子依然没去上学。

我对于自己当时的怒吼的另一个反思是,我是有点焦躁了。有关祖父病情的谈话让我焦躁了。在所剩不多的生命里希望看到这个孩子去学校,祖父的这份焦虑和急躁也传递给了我,让我也被裹挟进了这种情绪之中。事后我想到,不管是祖父生病,还是母亲生病,在这个家庭的漩涡中,这个孩子要自己站立起来,需要相应的“时机”。在相应的“时机”还没有成熟的时候,不论我怎么焦躁,行不通的事情仍旧行不通。变成严厉的父亲这件事,是我放纵自己的情感,过于冲动了。因为祖父的病情而被感染的情绪,蒙蔽了我观察现实的眼睛,这是我必须反省的。孩子终于去上学了,祖父看着孩子上学的身影安心闭上了眼睛——这是低俗小说的惯用桥段。而现实中的人心世情,不可能像低俗小说一般展开情节。

## 上学三天后又不去了

我生气的那天是1月11日,在我那样怒吼之后过了三天,也就是14日,这次是孩子去了一个朋友的家,然后也邀请朋友到他家玩了,之后他就开始说,和朋友一起去学校。这是我没有预料到的。

1月16日,他和朋友两人一同来我家。他是晚上来的,介绍了朋友,并说:"我们两个人准备一起去上学。"第二天,两人果然一起去上学了。"这真是很大的转变啊。"我心里想着,并真的为此感到特别欣慰。当时就对孩子说:"这次不用我乘出租车带你去学校,完全是你自己去的,你真的很棒!这跟我发怒才去学校是不一样的,这次是你自己去的,所以是实实在在的。"只是,这个孩子从学校回来后先到了我家,坐在那里唉声叹气,什么也不说。我看着孩子这个样子,觉得硬逼着他去学校,也是怪可怜的。我虽然有点担心是否操之过急了,但对他能去学校依然表达了鼓励和赞赏。第二天他还是自己去了。只是去了学校后,却迟迟不肯回家。很晚了还来到我这里,对我说:“老师,我还是不想回去。”他还说:“反正我去了学校了,家就是不想回。”然后,第三天他也去了学校,到了第四天就不去了。第一天和第二天晚上,我们都见面了,第三天晚上因为我回家很迟,没碰到他。当时曾想过打个电话问个情况,结果没打,想不到第四天他就没去上学。这就好像是因为我不打电话所以他才没上学去似的,让我感到有些自责,但仔细想想,我不可能每个晚上都电话跟踪。说到底,凡事不能强求。就这样,这孩子上了三天学后,第四天去了一会儿,此后就又不去学校了。

从这里开始,我的记录也停了几天。这一次,明明是孩子自己去的学校,但竟然只去了这么几天就不去了,想到这些,我似乎没了记录的力气。这之后虽然我还是去见他,但没有做记录。

我再次振作起来开始记笔记,是因为那个时候经常想到一个关于北风和南风的比喻。当温暖的南风吹起来的时候,寒冷的北风接着就来了,而当北风过后又会是南风吹起。我内心不由感慨,无论如何,一年之中不会只有冬天,春天总会到来。于是这样的意象在我的心中浮现:南风吹过结冰的水面,我们以为冰层变薄了,这时北风吹来,冰面又加厚了一层。但最后总有一天寒冰会融化。急慌慌地想用斧子去劈开冰面,那是过早拉开了战幕,因为北风还会吹来,冰面还会再次冻结。所以我现在要做的,是等待冰消雪融的那一天。

## “想辍学外出打工”

这之后我还是照旧与这个孩子见面，只是大都安排在大学的咨询室，尽量不在家里见了。至今为止过于亲近的见面，虽然有好的一面，但被这种亲近所裹挟，这个孩子就难以与我分离，我感到关于如何让他独立这部分的工作明显不够充分。因此，我很注意只在大学约定的时间里和他见面。在这样做的过程中，这个孩子渐渐变得有朝气起来。看着他一点点地焕发出年轻人本该有的那种精神气，我更加体会到，在此之前，我有些操之过急了。随着孩子的这种好转，家里的活儿有时他也会帮着做。

转眼到了 5 月份，这个孩子郑重地对我说：“我想退学去工作。为了工作我想离开家，想去那种有住宿待遇的地方干活。”在这之前，孩子的母亲曾多次提到要把孩子送去精神病院，或者关到哪个设施里之类的话，我都没有同意。这个孩子现在提出离家去工作，母亲虽然高兴，却以为我会反对。所以当我说“请答应他的要求，让他去吧”时，她还有些惊讶。而我是清楚的，这一次，这个孩子是真的拥有了自己的力量，这一回的“离家”是真的发自内心地要去实现了。孩子自己联系好了一个离家很远的地方去打工，那一天，他对我说：“其实我在和老师见面以前，从上初中开始就一直休学在家了，初中到现在正好是三年。就像‘三年睡太郎’一样，我也是正好睡了三年,所以从现在开始,我要去干活了。"《三年睡太郎》的故事,我曾经跟这个孩子讲过很多次。我明白其实在他内心深处一直是有这么一股蓬勃向上的意气的。

所以他才会一次次地逼迫自己去学校,甚至做出那种到了学校蹲在厕所里挨过几个小时回家的荒唐事。那个时候的他对自己也是看不起的,因为这种自我厌恶而变得更加无所事事地到处溜达。那时,我曾经好几次对他说过:"你不用那么悲观,即使现在不能去学校,但总有一天你能够做到的。你一直白天在睡觉,这不就像传说故事里的那个'三年睡太郎'吗?他就是睡了三年,三年后就变得非常能干了。我可能做不到很长时间一直陪着你,不过你只是睡个三年的话,我是绝对可以在你身边等你的。"

我的这些话,孩子都记在了心里,所以走之前才会对我说出,"我的'三年睡太郎'生活结束了,现在是我努力干活的时候了!"他在打工的地方勤奋努力,所以很得大家喜欢。这期间也发生了一些小插曲。就是孩子的母亲真的是稍有点风吹草动,就会急急跑过来,为此我也又做了不少看似和心理咨询无关的事。总之,从 5 月开始到夏季长假这段时间,这个孩子都在外打工。这期间他母亲也时而会来见我,这些事就不一一详述了。

## "为了继承家业而学习技术"的声明

到了 8 月,孩子回家来了。这是因为在他家人的计划里，还是希望他在8月结束后，从第二学期开始作为新的高一学生再入学。然而，这个孩子却完全没有上学的打算。他跟大家说的都是“想做这个工作”或“想做那个工作”的想法。母亲根本听不进他的想法，祖父也希望自己的孙子能成为大学生。于是8月的时候，这个孩子当着大家的面说：“我是绝对要去工作的，而且我也一定会继承家业的。为了这个我一定要去学技术，这也就是我为什么要找吃住都包的地方工作的原因，我是下了决心的。为了表明我这个决心，我想去和一直照顾我的高中老师们打个招呼，向他们表示歉意和感谢。”

对于他说出这些话我感到非常惊讶。一个即使走边门也还是没勇气走进教室的孩子，现在居然说出了这样有承担的话：“至少要向教务主任和班主任表示我的心意。”这个时候我所想到的是，“既然话说到这个份上，说明这个孩子是一心一意想要就职。能这样决断也是好事。”不过我也想到另一种可能，就是当我们说要去哪里打招呼、表达谢意的时候，其实内心是想让别人阻止的。比如当我们说“我是不会去那个地方”的时候，可能心里是期待对方回答说：“怎么连你也不去呢?”这时候就可以顺势回应说：“既然这样，那就去吧!”我这样一想，觉得让他去学校打这个招呼也许是件应该促成的事。因为之前对他说过你去或不去学校都由你自己决定这样的话，当然不能食言，所以我思来想去，还是给孩子的高中老师打了电话。说来这所高中真是集中了一批好老师,一个个都非常热忱敬业,所以常常会和我联系,了解孩子的情况。这次我对教务主任和班主任说了情况:"孩子说要去学校向老师们告别,表达谢意。我因为之前对这个孩子说过去不去学校都可以之类的话,所以只能由他自己决定。但我觉得这个孩子去老师那里告别这个行为,说不定有希望谁来阻止他的这层意思。所以,虽然我不能说,但拜托你们试试看,是否在可能的情况下可以请他放弃辍学的想法。"我跟教务主任和班主任做了这样的约定。

孩子去了学校,这次是真的很从容冷静。他很平静地从正门走进了学校。一直没有停下脚步,直接走到教师办公室,推开门,来到教务主任的面前,深深鞠了一躬,然后说道:"实在对不起!一直承蒙您照顾,现在我要就职了。"我陪在一旁,沉默地看着。教务主任说道:"我想和你还有你的班主任,我们三个人一起谈谈。"然后他们去了别的房间,谈话进行了一个小时左右,教务主任走出来对我说:"老师,他的决心很坚定。无论我们怎么说,他都非常坚持自己的想法,很了不起。所以,孩子既然考虑这么周全,连来向我们告别这件事都做到了,我认为就让他按自己的心意就职吧。"这样一说,我也完全感受到了这个孩子想要就职的决心,觉得既然如此,不如让他放手一搏。

一路回去时,我的心情是很复杂的。曾经那样逃避现实的孩子,现在竟然大大方方地去向老师致谢,下决心承担家业,表现出了堂堂男子气,这是我不由得要为他喝彩的。

但说真心话,我还有一半是遗憾的心情:好不容易振作起了精神,那何不就去学校,好好念书呢!怀着这喜忧参半的心情,我让孩子去我家坐坐。最后还是忍不住对他这样说道:“你的决心和想法确实都很了不起,我之前也一直对你说,学校你去也可以,不去也没关系,但到了现在,我毕竟也有一半是按照世间常识来思考的人,这一半的常识告诉我,高中毕业对一个人还是很重要的。当然以常识以外的我来说,也明白不管你上高中还是上大学,其实都无所谓,一个人只要能做自己喜欢的事就是幸福,但另一半的我也知道,高中没有毕业对你的将来会有很多不好的影响。所以现在作为抱有这类常识的我,很想对你说,还是希望你念完高中。”这个孩子沉默了,过了很久,最后还是说道:“我很明白老师的意思,但是,我还是不去学校了。”我说:“好吧!我说到这个分上,你还是决定就职的话,那就好好干吧!”

## 努力工作成为优秀的青年

就这样,这个孩子去就职了。想想这件事,从一个方面来看确实是很了不起的事情。一个整天睡大觉的孩子,自己计划自己的将来,自己去和老师做个交代,然后果断去就职了。但从另一方面来看,通行的社会价值观告诉我,去学校对这个孩子的未来无疑是更好的。这个想法总在我的心头萦绕。因此,我并不觉得这个心理咨询已经结束了。

这个孩子每逢休假回来的时候,都会到我家跟我打招呼,“老师,我回来了”。我也会去他家见他,看到他帮着家里干活,他母亲是由衷地高兴,自家的家业终于可以后继有人了。从来都是游手好闲的孩子,现在休息回家还帮着家里做农活,曾经挥着拳头对母亲动粗的人,现在完全像是变了一个人,这让母亲欣喜万分也是理所当然的。但我的心情却是难以言表。而且我看到这个孩子干活时的样子,他眼中流露出的分明是特别寂寞的神情。这使我又觉得应该不由分说地坚持要他去上学,我甚至想到,我是否应该再发一次火,好让他再次走进课堂。

但是,我分明感受到了这个孩子的不断改变。他是 8 月份去就职的,新年的正月里他来家里玩的时候,看上去容光焕发,状态特别好。正月里,我们愉快地喝着酒,聊着天,这时他说道:“老师,外出走走真好,就职这件事我做对了。”接下来,这个孩子还做了一件非常棒的事情,他居然去了以前的初中老师那里,为以前添的麻烦向老师致歉。因为在初中他就是一个不上学的孩子,这个举动还真让老师大大吃了一惊。从那以后,我和他的关系也不再是来访者和心理咨询师的关系,而是普通的人与人之间的交往关系了。自从正月的那次畅饮相聚之后,过了很长一段时间我才又见到他,他已完全是个好青年的模样了,还显示出了优秀的经商才能。虽然他刚开始工作时我并不那么乐观,但看到他现在工作如此得心应手,我第一次由衷觉得现在的他真不错,内心也终于舒了一口气。他的母亲也发生了很多变化，让人感到随和亲近了许多。

孩子祖父的事情忘记说了，祖父去世是在这个孩子就职相当长一段时间以后。在他去世前，我去看望，祖父用满足的口吻对我说，“孩子虽然没去学校，但他工作得很出色，而且还能这样打点家业，我真的很欢喜”。

## 回顾这个案例

这个个案，如果像我最初所说的要细细道来的话，那么还有很多事情可说。在这个个案中，我虽然经过了恶战苦斗，但现在想来，很多地方没有处理好，是不成熟的。我之所以拿这个案例与大家分享，是想告诉大家，心理咨询的实际操作就是这样跌跌撞撞的，事情的发展不会如你预想的那样顺利（当然像这样困难的个案可能也不会多吧）。我从这个案例中学到了很多，收获了很多。说起来，对于在西方学习心理咨询的我来说，这个个案是完成在日本的心理治疗实践的一个不得不通过的关卡。希望通过这个案例，能让大家有更多的了解，虽说是规范的心理咨询，也有各种各样的情况发生，有众多的问题和困难有待探索，而这个案例如果能给到大家一些启示和帮助，我会感到非常荣幸。

# 第六章

## 心理咨询的结束和评价

## 1. 结束和中断

有关心理咨询的结束和评价的问题都是非常难以回答的。因为它们都与心理咨询的目的有密切关联，所以不论从理论上，还是在实际操作中，我认为都是非常有难度的。

说得直白些，心理咨询的目的，就是让来访者的自性化之路成为可能，但如果按照这个思路想下去，由于自性化是人终其一生都难以终结的事情，那么心理咨询的结束就令人觉得有点不可思议了。从这一点展开来看，究竟要到哪里才算是心理咨询的结束？或者说，所谓结束究竟具有什么意义？这些都是解答起来非常困难的问题。

### 中断

像这样越是深入思考越是感到困惑的难题，换到实际操作中来看，首先我们可以这么琢磨，这种结束不是终结，而是中断。心理咨询在中途的切断，也不妨说是一种形式的结束。我想没有一个心理咨询师可以断言自己没有经历过这样的切断，也就是来访者的中途脱落。原本以为会来的来访者结果却再也没来；约定的时间没有联络无端不来的人也有；或者是打来了联络电话，但用一些听上去根本不像真话的理由来搪塞你……对于这种种情形，作为心理咨询师，谁都会感到遗憾。但我在此首先想要强调的是，别害怕心理咨询的中断。

至于心理咨询的目的，如果我们从正面求取，那就是进行自性化的历程，但我认为这个工作的实施非常之严肃。如此严肃的工作，在心理咨询师和来访者通过合作而达成的过程中，心理咨询师如果对中断过于害怕而拒绝，很可能会因为这种抗拒而使这份工作的严肃性受损。

说得更具体些，比如当心理咨询师专注地倾听来访者的言语时，有些来访者会直截了当地说出自己的要求，有的虽不明说但你也会知道他的心意："老师你这样专注地听我说了这些事情，那么请你帮帮我，见见我的母亲，让她改变吧"；或者是，"你看，我正处于这样的烦恼煎熬之中，请老师到我的雇主那里，帮我把事情说明一下吧"……我们会遇到众多类似的来访者。有的来访者，会清楚地说出他的请求，这种时候，心理咨询师显然不能轻易地采取行动，因为轻易满足对方的要求，就等于剥夺了来访者本来可能逐渐直面自己的问题的机会。但如此一来，来访者会暗自思忖，自己已经向心理咨询师发出这样的求援声音："老师，我如此烦恼，您既然已经这样了解我的烦恼了，那么就请到我的雇主那里说明一下情况吧！"而心理咨询师还只是坐在那里说："哦，你想让我去一趟呀。"然后却并没有去。对于心理咨询师的这种做法，来访者会抱怨，觉得这个老师看似很亲切地听我说了那么多，但其实并不像看上去那样可亲，如果他真的为我着想就应该答应我的请求。于是，来访者认为说了半天话却不肯为他做什么，花钱寻求这样的人的帮助实在是没必要,这个心理咨询不做也罢。自然,面对这种情形,心理咨询师心里也不好受。但心理咨询师不能轻易按照来访者的所言采取行动,这是我们都清楚的事情。来访者请求你去你就去,或者说,请你和谁见面你就去和谁见面,这就失去了心理咨询的严肃性。如此可能造成的结果是:来访者什么事都依赖你,最后连自己去解决问题的态度也丧失了。其实类似这样让心理咨询师处于进退两难境地中的困难个案,非常多见。

我说心理咨询是个严肃的工作,而实际上更确切地说,是难在怎么做更好上。你想要严格地去按照规则做,但弄不好就会显得过于冷淡。想着这样不行,要使咨询能够继续下去就要努力和来访者建立融洽的关系,但思虑过多,又反而会因过于迁就而弄巧成拙。我认为心理咨询中高明的咨访关系,应是向着融洽而又严肃的关系发展。然而,我们总是在咨询中重复着这些缺点:时而觉得严肃不够于是变得冷漠,时而想更加温和些于是又变得讨好了。

当我们这边在困惑着自己的态度究竟该严肃还是该温和的时候,作为来访者,其实他接受心理咨询时所感受到的态度,却并没有任何不同,温和与迁就在他眼里就是亲切,而严肃与冷淡都会让他感到不舒服。我的意思是,我们的严肃对待,会被来访者视为冷淡寡情,我们不当的妥协迁就,则可能会被来访者当作待人亲切,因而感到舒心满意。所以像这样一类情况,心理咨询师自己确实也难以恰如其分地把握这个分寸。

那么我们把目光放到以严肃的态度进行心理咨询时的状况上,看看来访者感受到的冷淡寡情究竟是怎么回事。我们说过心理咨询就是让来访者直面他的缺点,那些让他感到痛苦的问题,而我们心理咨询师就需要指出来访者的问题,并集中精力把对付这个痛点视为咨询的目的开始工作。然而这样一来,来访者感受到的却是冷漠疏远的做派和态度。但我想说的是,我们接触来访者的缺点和令其感到痛苦的问题,并通过这种接触发展出新的可能性,或者说,在战胜这些缺点和问题的过程中,使来访者获得更好的成长,在我们向这个咨询方向努力的过程中,在与那些令其感到痛苦的问题的接触中,就势必会从中感受到某种令人温暖的东西。进而,如果心理咨询师对来访者感受到的痛苦非常理解,并且能够对这种痛苦做到共情性理解,我认为在这种情况下,一定会滋生出令人感到温暖的情境。但是,如果只是认为心理咨询是严肃的,那么可能对于来访者的痛点,抱着只要去迎面直击就可以的想法,于是这个心理咨询一定会因为缺少温暖而无法持续下去。中断也就难免发生了。这时候,如果因为害怕中断转而改变咨询态度,采取温和些的方式,那么我们这时的温和往往就会变成迁就、讨好。关于这一点我在第一章中曾经谈到过,过于温和的心理咨询虽然看似持续长久,但来访者基本都不会有变化发生。所以,从这个意义上来说,我们对于心理咨询的中断虽然感到遗憾,但绝对不能害怕这种中断。一旦害怕中断,我们的咨询态度就会发生改变,这是不利于来访者的。因此,就我个人感觉而言,既然是做心理咨询,心中就要对这个严肃性的程度有一份坚持,不能为了心理咨询的所谓持续而轻易让步,轻易更改。由于不愿损毁严肃性而使心理咨询无法继续,导致了中断,对于这种情况我觉得也是无可奈何的。因为心理咨询这项工作,是需要来访者和心理咨询师合两人之力共同去完成的艰巨的工作,对于这项工作如果两个人没有达到某种默契,双方的力量还不足的话,那就是真正的"时机"还没有到来,在我看来这还不如中断,等待下次的机会会更好。

关于这点,我想用下面的例子来具体说明一下。

有位来访者来接受心理咨询,他说自己并没有任何令其烦恼不解的问题,来做心理咨询就是为了体验一下,所以是因好奇来到了心理咨询室。于是心理咨询师就和他开始了面谈,而这个自称没有任何问题的来访者,也开始谈起了种种困扰自己的问题。事实上,这个人显然有很多不想对别人说的问题,但都被他自己隐藏着,但在这次体验心理咨询的谈话过程中,他自己的弱点却不知不觉地暴露了出来,这让他感到惊慌,甚至有点不知所措起来,于是当心理咨询师提出下次继续面谈的建议时,他拒绝了,"虽然只有一次,但我对心理咨询是怎么回事已经有了清楚了解,所以下次就不用来了"。从心理咨询师的角度看来,这个来访者说了很多自己的缺点，有待解决的问题并不少。对于这样的中断，心理咨询师难免有种很不舒服的感觉。

但仔细想想，我觉得这样也可能是好事。因为，想要解决这么多的问题，目前来看，依靠两个人的能力共同完成的“时机”，显然并没有到来。因此对方才提出了一段时间的“休战”要求。对于这种情况，我们如果硬是要把对方拉扯过来，可能就会采取讨好对方的态度，卖力地向对方解释心理咨询是这么一回事呀，心理咨询的老师有哪些资历呀，心理咨询有哪些种类呀，这类谈话就远离了来访者的问题，像这样的心理咨询，持续多少次都是毫无意义的。我认为这种时候，还是干脆利落地中断咨询为好。当然，虽然我现在对于这种中断，表现得云淡风轻的样子，但若真的碰到这种情况，自己是心理咨询师的话，可能也不愿就此中断，说不定也会产生想拉住对方的心情。所以我在此很想对大家说，特别是对那些刚开始从事心理咨询工作的人说，你必须明了的事实是：这种要拉住来访者的感觉，对于一个心理咨询师来说并不一定是好事。如果对这一点不想明白的话，很可能为了留住来访者，你会不自觉地做出一些对心理咨询而言并不可取的事情，这种情况在新手心理咨询师中屡见不鲜。

## 探究事实比过度反省更好

对于在心理咨询实际操作中的中断，我们会有各种反省，而在我看来，不要过度反省是很重要的。成为心理咨询师的人中，往往过度反省的人居多。

“不管怎样，这是我的不对。”心理咨询师这样说可能事实确实如此，但接着还有“是因为我的力量还不够”，或者那个心理咨询进展得不顺利，“是由于我的包容方式还不够好”。总之，有些心理咨询师无论做了什么都会进行反省。当我们对于这些检讨自己的话听得更深入些，就会发现不可思议的是，这些不断做着反省的人，之后却并没有做出更多努力去改变。这让我不得不想说，他们好像是以为通过这样的反省就已经把问题处理好了似的。一边说着“我是个不能成大事的人”，或是，“我如果更有能力就好了”，一边却还是不愿多花些时间和精力在学习上，竟然依旧如以前一样继续着心理咨询师的工作。像这样一类不努力的心理咨询师，是否过度的反省只是其外表，而内在的傲慢才是其本质呢？我认为我们真正反省的时候，千万不能忘记对事实的探究。“接下来可以这样做”——像这样建立在探究事实的基础上，与具体内容相关联的反省，才是有意义的。

当中断发生的时候，为了知道真相，心理咨询师大多都很想询问中途脱落的来访者，究竟为什么不来了。能够清楚地知道这一点，对心理咨询师的进步当然是有帮助的。与来访者初次见面之后，以为第二次他一定还会来，于是满心期待，结果却没有，而且之后也没有任何联络。对于这样的来访者，我们是该联络对方呢，还是不联络好呢，这成了一个难题。

如果这是普通的人际交往，明明说好要来的人却没有来，打个电话询问一下是寻常事。但放在心理咨询的场合，对于在约定时间没有出现的人，原则上我们不可以立刻打电话询问究竟。这是因为，“应来的来访者没有来”这件事本身有其意义。比起立即打电话关心地询问，我们更应该尊重来访者的心情。这种场合，打电话询问“您为什么没有来呢”不啻在说“你来吧”。特别是在日本，我觉得人们的说话方式有很多难以捉摸之处。

来访者忘记约定的时间，也应被认为是有寓意的。如果你打了电话，有的来访者会觉得既然老师这么负责，不能辜负这番热忱，虽然内心不愿意却还是勉强过来了，这是来访者在配合心理咨询师的步调。心理咨询本应是以来访者为中心，不管如何都要以来访者自身的力量推进的工作，但如此一来，显然是心理咨询师的步调超前了。因此，作为原则，如果来访者在约定的时间没有出现，我们也不打电话。一般事后，多见的操作方式是写信给对方，诸如：“前次很遗憾没有等到您的到来。希望在什么日期什么时间能够再次见到您。”

这里稍微岔开话题，我觉得在这一点上，日本比西方实施起来更为困难。就以写信这件事来说，之所以这样做当然是不想把心理咨询师的意愿强加于来访者，所以不会写“下周请务必一见”这样的话。想着要配合来访者的步调，于是会写道:“如果方便的话,下周 2 点我等候您的到来。”这种书写方式,表明了如果对方自愿来面谈的话,自己会全力配合的态度。

这类文字表达如果是在英语国家,没有任何问题,但似乎很难融入日本的语言文化之中。为什么这样说呢?因为很遗憾的是,来访者并没有学习过心理咨询的相关知识,所以我们考虑到上述问题所寄出的信件,对方会以日本方式来阅读。于是当他在偶然忘记面谈的时候看到寄来的信件,上写着“如果方便的话,下周等候您的到来”时,他会搞不清这是真的等候还是客套话。在日本,写着“如果您方便,请随时过来”的时候,其实有时也可能在表达“可以的话就不要来了”的意思。所以一般写信的时候,都要写上“请一定要来”这样的句子对方才会过来。比如,收到一张请柬:“定于某月某日举行派对,如果方便的话,请您参加。”如果上面写着“请您一定参加”那是要去的,如果写的是“如果方便的话,请您参加”,就可能会被视为一种无可无不可的敷衍,甚至还有不被尊重的感觉。但在西方,由于有彻底尊重对方自主性的思维方式,并不会误解这一类的言语表达方式。考虑到这一点,我觉得现在在日本做心理咨询的时候,有的时候也应写上“请务必一见”,这样或许会更好些。这个问题,看上去是措辞的问题,其实也佐证了西方诞生的心理咨询如果完全照搬到日本,确实有水土不服的可能。

关于这一点我还想展开说几句,在心理咨询的操作现场同样会产生这类问题。比如来访者说:“我的父亲是个顽固的人。”而心理咨询师对此反应道:“嗯,你父亲是个顽固的人。”来访者中有的人就会说:“是呀是呀,就像老师您说的这样。”仿佛认定了我是完全赞成他的话的,但事实上我并非赞成他的说法,只是想表达我非常理解他说父亲是个顽固的人时的那种感受。如果要把这句话说得更直白些,就只能说成“就你的感觉来说,你父亲很顽固是吧”。但是,在日语对话中,使用“就你的……来说”这个表达的时候,通常字面下隐含了“与我是不同”的意思。因为日语的会话中基本都省略了主语,所以当把主语放进对话中时,通常都有特别强调这个主语的意思在。而英语中是不存在没有主语的句子的,所以即使不说“就你的……来说”,只用“you”为主语就可以表达这层意思。如果在心理咨询中运用这种以英语的“you”为主语的表达方式进行面谈,那么就不得不用“就你的……来说”来开头了。但在日语中说“就你的……来说”时,听的人会产生“那么老师是怎么认为的呢?”这种疑问,而且因为是日本人,以我们的思考方式,很多人内心甚至会认定老师是有不同想法的。这样一来,倒不如索性拿掉主语,既不用“你”也不用“我”,而是直接就说,“你是恨父亲的吧”,但这又会使来访者做出“是的,老师也这么想吧”的判断,不得不说,这种情形,如何区别真的是件很令人头痛的事。

话题可能有些扯远了。我最近因为时常想到这一点,也会寄出写着“请您务必过来”的信件。这是从来访者的角度出发直接帮对方做了选择，这个时候，对方如果因为我的“请务必过来”的这个说辞而出现什么问题，我的考虑是，那么就直接拿到心理咨询现场来讨论吧。当然，我并不认为对谁都要写上这句“请务必过来”，这种措辞也应该是因人而异的。对什么样的人，在什么样的情况下用这种措辞，心理咨询师自己要心中有数。还有这种情况，来访者来是来了，他说我本来不打算过来的，但既然老师说得这么恳切，我就来吧。对于这样的来访者，就有必要一起讨论一下为什么这样写信件这件事了。我在写信件的时候，自己也强烈感觉到自己所用的措辞和美国心理咨询师的不同。最初我的措辞像这样言简意赅：“我会留出几点到几点的时间，如果您方便，静候您的到来。”但这样的措辞，我想可能从来访者的角度看来，会觉得非常冷淡而又公式化吧。

原则上，来访者不来面谈，我不会打电话联络。之所以这样做，是因为打电话一定会有让对方立刻回复所带来的困扰。当被询问道：“你今天为什么没有来呢？”对方没有了编谎话搪塞的机会。而用信件的话，一周后见面时，来访者可以考虑好适当的解释理由。这时我们首先可以做的是，对这些解释理由和谎言保持必要的尊重。回过来看用电话联络这件事，当你说：“为什么没有来呢？”来访者不免慌张掩饰，随后可能因为羞愧于自己的这种失态，心想“既然这样了，还是不要见面吧”。显然，来访者如果因此中途脱落实在是件得不偿失的事。而即使是考虑好了谎言前来的来访者对我们同样也是可贵的,考虑到这一点,直接的电话应对还是避免为好。

不过,我也有打电话的时候。这一般出现在我对事情的突发状况感到莫名难解的情况下。明明这个来访者应该在约定的时间出现,怎么也想不通对方为什么没有按时前来,不明白对方此时的心情,而且自己不管怎样都希望完成这个咨询的心情十分强烈,这时我会打这个电话。这个电话是打破原则的,对这一点,心理咨询师必须有清楚的认识。同时还要明白,这种情况下打这个电话,来访者如果不知如何应对,心理咨询师就会像一个人在相扑一样没有着力点。像这样的时候,不能过分紧逼,而要淡然地收住话锋。这之后,对自己为什么做了这样一件单人相扑的事也有必要深思一番。

可以这样说,当来访者在来还是不来之间犹豫难决时,遇到这样容易优柔寡断的人,对于心理咨询师来说是一种处理起来非常棘手的状况,因此心理咨询师更需要下定决心,全力以赴地解决问题。这种情形下电话打过去,来访者感受到这个老师的热诚,并受这热忱感动而来,这时就变成来访者跟随心理咨询师的步调了。但对于这一点,心理咨询师需要有足够的自觉,心中谨记,必须逐渐调整,回到来访者的步调上。不过,虽说心理咨询必须是以来访者为中心,但也并非任何事情都是跟随来访者的步调运转的,心理咨询可不是这么简单的。

上述做法是在不得已的时候，心理咨询师按照自己的步调、自己的感觉打电话请来访者过来，这里的重点是，我们都知道这并不是一个值得嘉许的方法，而只不过是让自己的心情有个交代的无奈之举。所以，逐渐把主导权归还给来访者，是心理咨询师在之后的心理咨询过程中需要用心去做的。

## 中断之后怎么办

一旦中断，因为对如何处理感到困扰，有的人会以写信或者打电话的方式来应对，也有不少人在这样的犹豫不决中干脆什么也不做，然后等到某个时机出现才寄出信件。我认为，过了三个月，适时表达一下心理咨询师的感受和意愿，不管怎么考虑也应该算是一个恰当的“时机”了。当然在这一点上，我认为心理咨询师对于在自己内心中成熟起来的这个“时机”，必须是敏感的。当你想到该联络了吧，该怎么做呢……你在这样反复考虑的最后，终于忍不住联络对方的时候，事情往往会进行得顺利。我在这样的犹豫停滞时期，竟然有过好几次偶然碰到那个来访者的经历。因为这样的巧合多了，让我甚至生出了“这并非偶然吧”的想法。那个中断咨询的人最近究竟怎么样了呢？正这么想着我们就在路上相遇了。在路上遇到的时候，我是躲开好呢？还是上前打招呼好呢？这也是让我犯难的。但这样的偶遇几乎像是一决胜负的唯一时机,所以没有这样左思右想的余地。有时候不知道自己该说什么好,我就只得直接正面询问了。“你最近好吗?怎么一直没有来呢?”而这样问话的结果,往往让我感到,该来的“时机”还没有来。

我有一个实际的例子。当时碰到一个久违的来访者,我就问道:“为什么最近没来呢?”对方说:“是想去的,但真的做这件事,还是有点难度。”我又问道:“你既然想过要来,那么现在有这个心情吗?”他回答道:“好的,那么我来。”对于自己这样的强势态度,事后想来,我也觉得不可思议,好像有种乘势而为的感觉。不过也有的时候,对于这样的不期而遇,我心中并没有准备,于是自己先避开了来访者。虽然对自己为什么会做出这样或那样的举动并不是很清楚,但我认为,还是应该对自己内心中涌动的这些感觉保持尊重为好。

“这到底是为什么呢?”有时候,我们对于中断这件事很想了解究竟发生了什么,想知道真相但又无法直接去问来访者本人,觉得即使问了本人,对方也不会告诉你真实的想法。而我就曾有过对中断念念不忘,无论如何也想了解事情始末,于是三年后去询问来访者的经历。说起来那个人并不是很明确的中途脱落,我们在数次面谈之后,有一天,他说:“这件事情我想自己思考一下。”这之后,就不再来心理咨询室了。我心中明白来访者还残留着大问题没有处理,很希望能把这个咨询继续下去,但对方既然说自己考虑，那也无法强求。好在我和这个来访者时有见面的机会，每次见面看到他的状态，确实是变得越来越好了。在与他隔一段时间的见面中，我从他打招呼的方式和其他言谈举止中，能清楚地感受到他的变化，我知道他是完全恢复了。因为明确了这点，所以我在面谈结束三年后，说出了心中所思："对不起，我很想见您一面。这次不是您的事，而是我有事情想跟您谈谈。我很想知道您在结束心理咨询之后，是怎样恢复过来的。想知道这个，是因为这对我今后继续从事心理咨询工作非常有帮助，所以很想听您谈谈。"对方同意了我的请求，如实告诉了我很多。

这次见面，不是为了来访者，而是为了我自己。虽说是为了我，但如果是以前的话，我想对方还是不会轻易告诉我的，正因为等待了三年才有了这个交流的可能。这个来访者的话真的让我受益匪浅。有人可能会质疑，说这三年等待是不是太长了？而我认为对于心理咨询师能得到类似这样的回馈，等待是绝对必要的。改变一个人是很困难的，这是个相当漫长的过程。这个来访者让我对此有了更多的领悟。我曾经有过这样的经验，大家如果有中途脱落的来访者，在时机合适的时候也可以这样去了解一下。当然如果使用方式不当，变成强行的话，那就全然没有意义了。

## "假性中断"

心理咨询中还会发生好像中断的中断，我把这种现象称为“假性中断”。这种情况常常是这样的：心理咨询师认为这个咨询中断了，而在来访者想来，这个咨询是已经结束了。这种假性中断现象特别容易在学校、公司内部进行的心理咨询中发生。

比如，某个学生来到学校的心理咨询室寻求帮助。他说：“老师，我失恋了，想着是不是死了算了。”在这个学生的叙述过程中，心理咨询师能够感到他还是沉浸在想自杀的情绪中。这时候心理咨询师觉得既不能简单加以阻止，也不能说带他去见妈妈之类的话，于是很耐心地倾听了他的述说，到咨询结束时，感觉他情绪有所稳定，便与他约定了下次面谈。在咨询师考虑着之后的咨询该如何进行的时候，这个学生却没有在约定的时间出现。这个咨询竟然就此中断了。想到一个带着如此严重问题的人，如果不来咨询会发生的后果，心理咨询师分外担心。没料到，过了几天却在校园中与这个学生不期而遇。心理咨询师不免心存疑问，关心地询问道：“你怎么样?”那个学生面带微笑地说：“老师，谢谢您的帮助，我现在好了。”我想类似这样的情形，在学校和公司里工作的心理咨询师都曾经遇到过。那么为什么会有这样的情形发生呢?

第一个理由是，在这样的内部场合，来访者没有意识到对于心理咨询师有什么责任。“因为您的帮助，我好转了!”他们不认为一定要来做这样的告知。在日本，这更是理所当然的事情。人们在跟自己关系亲密的人，或者是班主任等等，进行一番倾诉，一番交谈后，当事情有所好转，如果是对关系亲密者，那么基本上就会用什么也不说来表示我已经好些了的意思；如果这是个内部咨询，就会认为逐一地去告知自己好转，实在无此必要。

第二个理由是，心理咨询师过于紧张了。因为有一定要做好这个工作的压力，可能就会有放大来访者的谈话内容，或者是思虑过度的倾向。之前也曾提到过，心理咨询师有动辄就想引导来访者的倾向。比如有人来述说自己失恋的事情，于是以这个事件为契机，必须使对方的人格有所改变，往往会成为很多心理咨询师认定的咨询目标。

然而，来访者却不是为了让自己的人格有所变化而来的，他们是因为痛苦而走进心理咨询室，在老师不厌其烦地倾听和陪伴中，使自己的心情重归晴好的。当人们心情舒畅，面带笑容，新的恋情也就会再次到来。又或者，来访者在心理咨询师面前一番倾诉，坦率地把自己内在的东西也如实呈现出来。大多数情况下，正是因为有人倾听，才使这些内心的语言比外部的现实更为突出地显现了出来。比如像这句话："我，是不是就要死了？"在一般交往中，这样的话很难说出口，但在心理咨询师面前说就容易多了。其实像这类话，大多出自并不想死但在内心某个角落却又有死的念头的人之口。当有人说"我好痛苦，真不如死了算了"，心理咨询师如果对此过于紧张，心中警钟响起："这是要自杀啊！"那么就可能判断偏颇。一心认为这个人的人格一定要有大的改变，这样预设下的心理咨询目标，显然偏离了来访者的想法。在心理咨询现场，这种情况非常多见。当来访者以为老师的倾听让他重新焕发了精神，自己这件事并没什么大不了，不必再去专门告诉老师的时候，心理咨询师却在那里苦想冥思着关乎一个人的死或不死的重大问题。遇到这种情况，如果这个心理咨询师有机会见到来访者，可以询问对方状态，对方也告诉他，因为老师的帮忙自己心情好了很多，那么这个咨询师心中也算有了着落，但如果对此一无所知，很多心理咨询师就会为这种假性中断而陷入自责之中。其实，很多时候，我们完全没有必要过度反省，怀疑自己的能力。我认为与其做这样的反省，还不如和来访者本人见面了解情况更好。

上述这样的情况看似是中断，其实就是假性中断。特别是在学校或公司内部进行心理咨询，这种情况相对多见，对这一事实我们要有足够了解。因此，即使看似中断了，也不必立刻陷入过度反省中自寻烦恼。当我们了解到真相后，大多数时候会意外地发现，这样的心理咨询做得都还算不错。只不过，绝对说不上是大成功而已。

## 运用心理咨询以外的方法的情况

我接下来要谈的问题，也与中断有关。

“我想去其他地方，所以不来老师这里做心理咨询了。”有的来访者会说这样的话。这类中止咨询的话，即使本人不说，也会由他的家人来说。一般他们都不会直接指出是老师的问题，而是委婉地说是因为想加入某个宗教团体，想去相关的健康设施等等，总之会有各种放弃的理由。面对这种情况，心理咨询师的心情会很复杂。感觉好像自己没有被信任，好像还有比自己更好的其他方法。但这里的关键点，我之前也曾提到过，心理咨询的目的是让来访者变得更好，而不是通过“我”使这个人更好。因此，我们要相信，对那个人来说，可能还有很多心理咨询以外的方法更具有意义。

虽然我一向认为心理咨询是卓有成效的方法，但心理咨询以外的方法也不能否定，比如参加某个宗教团体的活动，去某个设施，或者哪怕是去一次祖父那里，学习怎么做生意之类的事情，我认为都具有其重大的内在意义。因此，我面对类似情况，大多会采取赞同的态度。我会让对方明白，这不是切断你我的关系，而是不管用什么方法，如果对你的好转有帮助的话，都会让我感到格外欣慰。当然，如果你想回到我这里来，任何时候都欢迎你回来。甚至我会说，“你想去哪里需要我介绍的话，我很乐意帮忙”。有类似这样的联系存在的话，来访者再次回到咨询室也不是意外，还有的人，会把在其他地方的体验说来给我听，这对我自然也非常有参考价值。

我们心理咨询师必须要有这样宽广的视野，足够的耐心。在一个人漫长的自性化路途当中，总有想离开，探看完全不同地方的情形发生，这样的时候顺其自然就好。而对于来访者而言，由自己决定离开心理咨询师这件事本身，就具有非同寻常的内在意义。对心理咨询师倾诉了自己的种种困扰与痛苦之后，有一天，来访者可以从正面对心理咨询师说："我想停止和老师的心理咨询，我准备去其他地方。"这个时候，可以说是这个人完成了一个阶段的成长。当然，这样的情况并不排除还有其他非常复杂的因素。

我时常想到这样一个问题。比如有个来访者，他轮番接触了很多心理咨询师后好转了，这是否证明了最后那个心理咨询师最有功力呢？我并不完全认同这一点。我曾经遇到过三个这样的来访者，他们都是离开某个心理咨询师，然后诟病那个心理咨询师，再去下一个，然后再次离开，再次诟病，最后来到我这里，结果治愈了。如果这是修理收音机，那么 A、B 没修好，C 却手到病除，说明 C 的技术纯熟过硬。但心理咨询是人心的问题，所以被来访者放弃的 A、B 处的心理咨询体验，更多时候恰恰成了在 C 处治愈的基础。

稍微岔开一下话题，来说说我自己的经验。我的那些好似中途脱落的来访者，再次回归的人还真是不少。对于是否中断咨询，我当时是完全交给那些来访者自己决定的，现在想来，我深感这么做并没有错。当那些人重新回来的时候，在适当的时机询问当时的中断理由，对我自己也极有参考价值。即使是形式上的中断，如果在自己的内心依然有联系的话，往往会与出乎意外的回归相连。

举个很有特点的例子,这在初中生和高中生中相对较多。在叙述了各种各样的问题后,这些孩子常常会说"我自己想想"或是"我自己做着试试吧"。可以断言,这些孩子都不是自己想来做心理咨询的,而是被硬拖来的。这样的孩子,最初心中是不满的,但渐渐地也会打开话匣,在开口叙述了自己的问题后,可能会说:"老师,那我自己去这样改变试试。"这种情况,心理咨询师的心中可能半信半疑,但还是会对这个孩子说:"如果想自己试试,那么就做吧,如果遇到困难了,请随时过来!"这样结束咨询后,有人真的自己就从痛苦中走了出来。我就曾碰到过这样一个高中生,说了"自己试试看",半年之后,他特地来告诉我情况好转。其实,我作为一个心理咨询师,当时面对这个自己想去做尝试改变的孩子,虽然口头鼓励并让他走了,心中的疑虑却是挥之不去的:究竟我是该执意挽留住他好呢,还是信任他自己的决定,放任他自己去摸索更好呢?所以能听到这半年后的情况汇报,让我特别欣喜。从这一点来看,真正的心理咨询,在很多情况下并不能简单地断言中断的好与坏。我要再次强调的是,我们不必惧怕心理咨询的中断。

## 2. 结束时的实际问题

### 结束的标准

心理咨询的结束也是一个非常复杂而让人时常感到难办的问题。在理论性或是各种研究性的论述中我们也可以看到多种观点。就我个人而言,在实际操作过程中让我感到舒服的结束,说起来有以下几种:

① 从自性化这个观点来看,来访者的人格发生了值得期待的变化。

② 来访者所叙述的症状以及烦恼等外在的问题得到了解决。

③ 内在的人格变化和外在问题的解决之间的关联性得以明了。

④ 对以上三点,心理咨询师和来访者相互讨论并达成共识,从而确认了进行心理咨询的意义。

说得更具体些,例如,一个有社交恐惧症的人,当他来到心理咨询室,首先希望消除的是他与人交往时感到害怕的症状。而心理咨询师在与他的持续面谈中了解到,这个人至今都是完全以父母的意愿生活着的,过分的言听计从,使他强烈压抑了对父母的攻击性情感。当他转而把这种攻击性投射到外部,就陷入了社交恐惧。通过心理咨询,来访者意识到这个问题,在对父母态度的改变中,逐渐觉察到自己的攻击性。心理咨询师对来访者这部分的内在变化产生共情，并随时应对这些变化，从而使来访者的社交恐惧症状得到治愈。心理咨询至此宣告结束，两人对以上所述的事情交流后进行确认。像这种结束方式，对我来说无疑是心情最舒畅的，但事实上令人遗憾的是，以这样完整漂亮的方式结束的案例，却是少之又少的。

相对于刚才所说的理想的结束形式，大多数情况是：心理咨询师以为已经满足了①—③的条件，而来访者只为症状总算有所好转而喜悦，对于意义的确认则感受不深。有些时候我们只能期待，来访者能够在分别之后对这些意义有所感悟。

还有的是满足了①和②的条件，①的内在产生了变化也得到了来访者的承认，但对于①和②的关联性还不明了。我的经验是，对于①和②的关联性很多人是不清楚的。也就是说，为何有这样内在问题的人会产生这样的外在障碍，这之间的关联怎么也弄不明白。在我看来，不仅是关注外在变化那么简单，我们还要看到平行产生的内在变化，满足了这两者，才是心理咨询的结束。

接下来的问题是，解决了外在的问题，但不知如何处理内在的人格变化，这种情况该怎么办？对此，我认为，首先要说明这个心理咨询并未结束。来访者因为症状好转，很是喜悦地感谢得到了我的帮助，但就我个人而言，并不确定这是否完全源于我的帮助，只能说症状改善无论如何是件皆大欢喜的事。这种时候,心理咨询师能够清楚地看到对方内在的人格变化所需解决的问题,比如,这个人绝对需要从父亲的阴影下独立出来,或者说这个人必须确立自己男性化的生存方式,如果不这样做他的问题还会不断冒出来。但结果却是解决了外部问题后咨询就不得不结束了。这样的结束意愿,当然不属于心理咨询师,而是来自来访者。这种情况下,有的心理咨询师会向来访者提出希望咨询继续的建议,但以我的经验来说,不可能要求事事顺遂,完全如愿,在这个阶段暂且止步也未尝不可。当然,因为是在解决了外在问题的这个节点上戛然而止的,这些人的问题在我内心并没有结束的感觉,所以我还是会留心观察他们之后的状态,我发现,有的人通过自己的努力,对自己的内在问题也会有很大程度的解决。

对此,就像我之前反复说过的,即使离开了来访者,我还会在很长时期内关注来访者,而奇妙的是,有时候那些来访者会折返。

比如,我曾在其他著作中提到过的那个因为做了"肉的漩涡"的梦而不愿上学的孩子的事[1],在那种情况下,我认为即使去了学校,他依然会处于无法从漩涡中逃离的状态。因此,我满心希望咨询能够继续,但这个孩子却说可以去学校了,于是中止了面谈。对此我一直有所萦怀,不料两年后

1 《荣格心理学入门》(岩波现代文库版,第 71 页)。——作者注

这个孩子突然又出现在了我面前。遗憾的是,因为当时我正要做个咨询面谈,所以我们只是简单聊了两句:“咦,你怎么会来呀!”“就是想来看看老师。”就这样匆匆一面,感觉这个孩子真的长大了。虽然交谈不多,但在我的感觉中,这是孩子来让我看看他的进步的,就好像在说:“老师,你看,我现在是这个样子了。”

这些实例让我想到,心理咨询师并不需要事事亲力亲为、面面俱到。有时候,可能来访者自己更知道怎样做对自己才是更好的。他们在外在问题得到解决的这个节点上,可能已经有了依靠自己的能力去化解之后问题的信心。因此,对于我们而言,有些时候有必要建议持续心理咨询,也有些时候则不必多言,就可与来访者告别。不过,即便结束,我们还是要随时做好打开门等候来访者再来的准备。而且,在可能的情况下,看看这个人之后的发展走向,对我们自己也会大有帮助和启发。我想做过不去上学的孩子的心理咨询的人应该非常了解,很多孩子都是在内在问题还未解决的情况下去上学了。这种时候,如果不以长远的眼光来看,很可能会使你在学术研讨中难以发表像样的案例报告。

心理咨询师会关注外在问题的解决和内在人格的变化这两个方面,而来访者的目光却只聚焦在外在问题上,所以与来访者确认内在的问题,是心理咨询结束时的一个关键。要让来访者意识到他的内在发生了变化,并且这是他自己做的了不起的工作。在普通人看来,至今不愿上学的孩子开始去学校了,至今为止口吃的人终于说话流利起来,他们会认为这是从反常转向了正常,是心理咨询师的能力使然。但心理咨询师要让来访者看到,他做了非常了不起的事,有勇气独立,不再依赖父母,而且这个艰难的化茧成蝶的转变,是他自己做到的,这一点需要心理咨询师和来访者互相确认,达成共识。

在前一章所述的案例中,那个孩子就职后,有一次说到了“三年睡太郎”,我便问道:“你在这里沉睡了三年,在你沉睡的这三年里,别的人有的在学习,有的在工作,你看到这些心里是怎么想的呢?”那个孩子说:“老师,如果我这三年不睡,我不知道将来会怎样的沉睡不起。正因为我已经这样沉睡过了,才绝对不想再睡了。我觉得这三年的沉睡价值不凡。”他的这番话让我感到特别欣慰,觉得自己做了一件值得的事,一路辛苦没有白费。从这个孩子身上我们可以看到,心理咨询并不是简单地让一个游手好闲的孩子去上学或是工作了事,而是让这个孩子的内在发生巨大的变化。那个时候,这个孩子虽然说的是“三年睡太郎”的事,但他想传递的心声,我是心领神会的。我认为这是极其重要的。不必就心理咨询的意义让对方一五一十地重复那些老生常谈,就像这个孩子,自然流露内心所思所想,如果是个高中生那就像高中生一样表达自己就好。当我们这样做的时候,才能清楚地感受这份喜悦的分量,因为这是真正由两个人共同完成的。

## 明显临近结束的情况

关于结束,接下来的难点是:心理咨询即将结束,但众多来访者却难以开口说出自己想要结束的意愿。这与日本人的特性有关,不擅长对人说“不”,对“拒绝”这个行为感到过意不去。至今为止老师对我如此关照,我说出这种话未免太不懂得感激,于是为了不想被人误认为薄情,勉力表现出自己是不管什么时候都愿意来老师这里的样子。这样的来访者在日本并不少见,即便有了好转,也因种种顾虑,迟迟不能表达真实想法。这种时候,心理咨询师说出“我们的咨询可以结束了吗?”似乎也有些难度,因为担心有的来访者会因此产生被老师抛弃的感觉。

遇到这种情况,我会以这样的谈话方式处理:“我觉得我们好像翻过了一座山呢!”我使用了“翻过一座山”这个意象来说明眼前的状态,是想说明,接下来如果你想翻越第二座山那么我们就继续,如果想在这里停下来,那么我们也可以止步,我没有说终止,也没有说持续,只是表明,我们完成了眼下这个工作。

当来访者觉得可以停止咨询的时候,大多会把心理咨询过程中遇到的事情再次回顾一遍。“和老师初次见面到现在已经过去一年多了呢。”来访者发出这样的感慨时,你可以认为这是在向你发出准备停止的信号了。“六个月以前，我说了那么多乱七八糟的话，真是太麻烦老师了！”这是在表明“我”已经走过来了，“我”已经可以重新审视过往发生的一切了。这时候，如果你说：“是呀，翻过一座山了。”那么对方就会很自然地说出：“多亏了老师的帮助！”但是，即使是翻过了一座山，也有困在第二座山里出不来的人，所以也并不总是立刻就要对来访者说结束。

还有这样一类来访者，说着“老师，这一年很感谢您的帮助！”或是“多亏了您的帮助，我好多了！”，让你以为准备结束咨询了，但接着却冒出另外的问题来。“但是，我想了想，觉得虽然我和婆婆的关系已经改善了，但最近我总是和丈夫吵架，这是怎么回事呢?”对此，我们完全不必认为这是她和丈夫之间出现了新的问题，其实说得直白点，这是来访者套近乎的表现。她想说的是：“你看，我并没有完全好，我还残留着问题没有解决呢。”或者可以这样说，这是来访者不舍得分离的一种状态，她所表述的是：“我还没有成为一个可以离开老师的人啊！我还存在着这么多问题，还需要得到老师的很多帮助呢。”他们因为对心理咨询师的依赖而突然抛出新问题，类似这样的来访者会在这个阶段出现。面对这种情况，心理咨询师若立刻决定继续咨询的话，反而会影响咨询质量，最终因冗长无力而不得不终止。翻越过一座山后，不是立刻向第二座山发起挑战，而是让对方大致知道第二座山的存在，需要花些时间走向结束。所以，对于来访者这样抛出的新问题，我们还是不接为好。试想一下，人无完人，如果想找问题，那么问题可是层出不穷的。

## 临近结束突然恶化的情况

让心理咨询师感到困难的案例之一，是临近结束时来访者的状态又反复了。与心理咨询师的分离，让来访者感到彷徨失措，难以接受。为了阻止这即将来临的分离，来访者的身心状态又变得糟糕了。心理咨询师感受到来访者的这种状态时，必须与对方讨论这个问题，直截了当地让对方面对这个问题："如果好转了，你势必要离开我，是不是这一点让你感到很难受？"不过，这种情况一般多是出现在心理咨询长达两年或三年的咨访关系中。其实这种不愿分离的情绪，在心理咨询师这里也同样会出现，这种情况下，心理咨询师可能会出现挑剔来访者问题的倾向，这一定要引起我们足够觉察。之所以这样说，是因为这个世上没有完美无缺的人，要成为完美的人，这样的心理咨询又怎么可能结束？我们若把咨询目标定为成就完美的人，那么就是在无限期延长心理咨询。

人是不完美的，但明知自己的不完美，却终于可以坦然对你说，"我会以自己的能力生活下去"，这就是心理咨询最好的结束时候。来访者终于好转，觉得可以结束的时候，心理咨询师如果说"你好像还有这样的问题吧？"，因为这个问题确实存在，于是让来访者意识到问题还是没有得到根本解决，咨询必须继续。这样的做法并不可取。这种自认为是为来访者着想而提出的建议，其实是心理咨询师内心深处自己也未意识到的不愿与来访者分离的情感造成的，这种情况往往会使咨询的走向发生偏离。

像这样的心理咨询，用似有似无的意义包装着持续下去，可以说并不是同心协力真正越过一座高山，而只是就来访者的缺点呶呶不休，反复做着一边堆积一边拆除的事情，毫无意义地虚耗了时间。因此，在来访者终于翻过了一座山，对挑战第二座山感到彷徨失措，为此时的停步感到不舍又难以抉择的时候，正是心理咨询师果断说出“那我们结束吧”的一个节点。这样可以让来访者不得不自己做出决断。曾经有位来访者对我说过这样一番话：“不知为什么，到老师这里来总会有各种好事接二连三地发生，真想这样一直持续下去，我觉得那样我就会变得越来越好，现在老师突然说结束，让我感到有些震惊。但这样也好，让我清楚地认识到，不靠自己努力是不行的。”

## 3. 评 价

心理咨询中的评价，应根据来访者内在的人格变化和外在的问题解决的程度来进行。对于来访者的内在做了怎样的工作，这是心理咨询师非常了解的部分，并会就此与来访者进行充分的对话、讨论。不过，关于这内在的部分来访者自身却往往并不特别关心，他们对于外在的问题解决更有体会，也会把对此的感受大量地告诉心理咨询师。

我们必须有所觉察的是，来访者所说的外在问题，是否就是真正意义上的外部事实。例如，因为失恋而痛不欲生的来访者，真实的死，对他并没有什么意义。他之所以在心理咨询的现场说这些话，是渴望更新自己的内心世界。于是来访者把内在的情感和愿望与外部的事实混同了起来。因此，即使来访者说，以前和他争执不断的人现在可以友好相处了，我们也并不知道实际情况究竟如何。也许来访者有不再争吵的打算，并且可能也这样做了，但是否就可以将来访者的叙述作为评价呢，这是个困难的问题。

再比如，来访者说："我是因为性格内向，不善于表达自己的意见，才来做心理咨询的，现在在心理咨询的帮助下，我可以大胆表达自己的想法了，真的很开心。"对于这样的反馈，心理咨询师自然非常欣慰，正暗自欢喜心理咨询的效果显著，却偶然在路上遇到了来访者的同僚。心理咨询师就想侧面了解来访者的情况，不料那个同僚说："那个人太让人烦了,别人说什么他都要发表意见。从前是个能够仔细听取大家的意见,脾气温和的人,最近变得特别固执起来,明明不说就好的事偏要说出来惹人厌烦。”在心理咨询师看来值得高兴的事,在同僚眼中却成了坏事。过去不随便发表意见,安静随和而让大家颇有好感的人,现在因为说出自己的意见而变得讨人嫌了,这究竟是好还是坏,事实上也是仁者见仁、智者见智。我听了这些,并不觉得这个来访者情况不妙。某种程度上,如果一个人不被人讨厌并不是件有趣的事情。一个被谁都喜欢的人几乎和死了也没什么两样。可以这样说,只有被很多人讨厌的人才活出了自己的真正价值。只是这样一来,我们所谓的评价这件事就更难了。

究竟,大家是以怎样的尺度来衡量来访者的呢?比如在日本,可能没有真正确立自我的生活方式的人反而会得到更多的赞许。不管做这个还是做那个,样样顺从他人的指示,可能会被称为好脾气的老实人,但这样高兴的是他人,本人可能并没感到真正为自己而活着。本人如果稍微想表达自己的意愿,不再那么言听计从的话,那些一直以来享受着顺从的人自然会窝火,于是,便认为这个人变坏了。

心理咨询究竟具有什么样的意义?从根本上深入思考,它确实会使我们陷入迷茫。然而,我始终坚信以来访者为中心的重要性。作为来访者,他们会把对外部的适应作为心理咨询的重点,在确立自我的过程中,他们可以接受的是与周围环境的小有摩擦。而我心知肚明的是，作为一个心理咨询师，即使你对对方内在人格的逐步变化感到宽慰，但在某些人看来，有可能并不把这视作好现象。有的来访者甚至可能因为产生了内在的人格变化，外在的部分反而好似陷入了不幸的困境。

关于内在的人格变化这一点，心理咨询师和来访者都会认为这只能是一个人战斗的结果。让人格变化不变成这样的孤身奋战，心理测试是一个方法。我们可以通过心理测试来确定或者了解，来访者的人格在心理咨询前后是否发生了变化。但是，这个方法实施起来并不那么简单。来访者在接受心理测试时，我们一般使用问答题或是选择题，但我们无法判定来访者所写的真实性，有的来访者可能因不想让老师难堪而把自己往好转写，也有的，因为对心理咨询师的敌意而故意反着写。

如果不用这类问答题测试，也可以改用罗夏墨迹测试（Rorschach inkblot test）或者是主题统觉测试（Thematic Apperception Test，简称 TAT）等投射型测试，但由于这类测试必须以人的主观情绪和思维做出判断，无疑同样会带来评价难度。而且，测试反映的人格结构的部分，和来访者的外在行为所显示的人格形态，并不能保证完全一致，这就使得问题更趋于复杂。也就是说，尽管外在行为发生了相当显著的变化，但测试所体现的部分则可能只是缓慢地在变化，甚至相反也有可能，并且，这种反映究竟代表什么意义，显示了什么作用,很多时候我们并不明确。当然这一点,需要在测试的研究方面做更多的推进,本书就不对此赘言了。(我在已出版的拙作《临床运用中的罗夏测试法》中,对运用罗夏墨迹测试进行心理治疗的评价有过一些论述,如有兴趣,可做参考。)

基于上述思考,心理咨询的评价工作无疑是非常复杂的。我们在心理咨询的实际操作中,除了注意上述要点之外,也不能忘记评价的多元性,即使在心理咨询结束之后,仍然要以长远的眼光和态度看待未来的可能。

# 第七章

## 心理咨询师和来访者的关系

## 1. 移　情

我想以移情这个现象为视角，来讨论心理咨询师和来访者的关系。

移情是由弗洛伊德提出的理论观点。移情这个问题，在一般的心理咨询中，也许并不会成为特别让人感到困扰的问题，而在这个入门讲座中，究竟该在何种程度涉及，这个问题让我颇费了一番思量。但考虑到移情既会出现在心理咨询的现场，也会出现在学校教育中，我觉得还是有必要简单说一下。

### 弗洛伊德的观点

首先我想谈谈弗洛伊德的观点。初期的弗洛伊德主要是以催眠疗法进行心理治疗的，之后，他的治疗方法又结合了自由联想法，并逐渐发展到在进行催眠治疗的时候，以自由联想为核心进行治疗，随着治疗方法的改变，他发现患者会把幼儿期压抑的情绪和事件等转移向治疗者。在极端的场合，即使是有着相当年龄的患者，也会把治疗师当作父亲、母亲或者恋人一般对待，把强烈的情感投注到治疗师身上。像这样以自己过去的体验为基础的各种情感转移向治疗师的现象，称为移情。

弗洛伊德积极地利用了这个现象，他的观点是通过解释移情的现象，可以使患者获得对自己的洞察。根据弗洛伊德的这个观点，精神分析师不是面对患者进行对话，而是让患者睡在治疗用躺椅上，精神分析师在患者背后坐着，患者在无法看到精神分析师表情的情况下表述自己的种种情感。在这样的状态下，患者突然产生想杀死精神分析师的欲望，又或者，对精神分析师产生爱慕的情感，这些显然都不是精神分析师的责任，而是患者将过往体验移情到了精神分析师身上。这个时候，精神分析师可以向患者做出解释："我对你并没有做任何事，这说明这种愤怒的情感来自你的内在。"患者因此有所领悟，由此精神分析师让患者对自己的缺点和问题有了清楚的认识。如果精神分析师和患者一直见面，经常交往，一起出行，产生喜欢或者讨厌的情感也是理所当然，但精神分析法所使用的是让治疗师只是坐在患者身后，这就佐证了这种现象的产生是明显的移情。弗洛伊德认为在精神分析中移情的存在是必要的，正是由于移情的产生才使治疗得以完成。

对于移情我还要补充说明的是，如果在治疗现场对精神分析师产生好感，例如好像爱父亲一般的情感，或者是情难自禁的喜爱之情等，这种现象称为阳性移情。而想杀死精神分析师，或者产生厌恶、敌视等否定情感的现象称为阴性移情。这两者都是对心理治疗有着关键作用的移情。

## 移情的本质

"我太想念老师了，想得恨不得杀了你！""我喜欢老师到不行了！”且不论来访者是否会突然对你说这些话，事实上，我们在心理咨询的过程中，即使来访者没有说这些话，也会以其他形态呈现。移情是可以在各种可能中产生的。

我举一个例子，是班主任家访一个不去上学的孩子。一般这样的孩子，很难出来见人，这个孩子却走出房间见了老师。并且这个让人觉得从不会与别人交谈的孩子，居然对这位班主任说，其实他是真的很想去上学的，但就是去不了之类的话，听上去很是亲近，这位班主任也从事心理咨询工作，与孩子谈了许多，并询问这个孩子，下周再来如何，孩子答道希望老师来，老师自然欣喜，于是下周又去家访。

一个与谁都不交谈的孩子，大家都以为即便老师去家访，也只能是黯然而返，却不料孩子似乎很待见这位老师。这让老师不由得期待下次见面会有怎样的进展。老师兴冲冲去了，敲门进屋，孩子刚看到老师，转身跑上二楼关上了房门，这让老师惊诧莫名：难得孩子喜欢自己，坦诚相待，想不到没过一周，就变成讨厌自己了。究竟自己的哪里让孩子讨厌了？还是自己之前说了什么不好的话？还是自己太过忘乎所以了？老师变得忧心忡忡。这时候，孩子母亲上楼去唤孩子，孩子走下楼来。但这个老师心情却难以平静，还沉浸在被孩子讨厌的失败情绪中。这次面谈并不顺利。但之后这位老师了解到，当时孩子看到老师进门，误以为是父亲，才连忙逃上楼的。这是很有意思的事情。老师和父亲绝对不应该搞错，时间上来说也不是父亲回家的时间，那么是什么让孩子一心以为是父亲回来了呢？明白了原委的老师虽然松了口气，但初见老师感觉那样亲近的孩子，瞬间却因误以为是父亲而疏远，为什么会出现这种情况呢？

一般学校老师或者是福利机构的人，可能经常会体验到这类一腔热忱被无情拒绝的经历。比如班级里有个家境贫寒的孩子，老师不仅对这个孩子说给他去郊游的钱，还去家访，想询问有何需要帮助，如此诚心实意，却想不到对方闭门谢客，送去的礼品也被扔了出来。还有不愿上学的孩子，也经常会对上门家访的老师不敬，从二楼先浇一盆水下来，或者是做出各种让人头痛的出格事。这边是热切尽力，那边却熟视无睹，面对这种状况，老师感到忍无可忍，脱口说出了“这样奇怪的孩子真的要成废人了”，或者是，“这样扭曲的想法真的没救了”的话。但如果将这些行为视为移情现象来思考，我们就完全可以理解了。

这样的孩子，往往是从小就生活在父母关系非常恶劣的家庭环境中，因而变得不知信任为何物。被父亲或母亲抛弃的孩子，对他人的亲近关切也无法简单地接受。由于以往的这些体验可以移情到现在的任何人际关系上，所以才会以如此方式拒绝他人伸出的关爱之手。当我们了解了这种情况，就不会以世间常识的想法去看待对方，觉得自己的好意受到了冒犯，而是能够更深地理解对方：一个人连普通的善意都难以承受，他曾经遭受了怎样的创伤和不幸。

刚才那个心理咨询师去家访，孩子却闭门不见。心理咨询师认为自己必须尝试接受这个孩子的愤怒心情，但他发现自己做不到，于是对自己的不包容感到不满而自责，我觉得他的这个自责，听上去更像是道德性的反省。自己站在一个比别人更高的道德制高点上，可以接受任何负面的事物，成为一个可以承受任何无情打击的人，好似菩萨或者神祇的存在。当然这做不到，于是不断自我反省。有道德感的反省虽然不是坏事，但对心理咨询毫无效果。于是心理咨询师转而把目光放到对事态的探究上，这才明白原来是这个孩子把心理咨询师错当作父亲了。这是否很有意思？那么热切地与心理咨询师对话之后，竟然会把咨询师错认为父亲！究竟他们父子之间的关系有怎样的大问题呢？心理咨询师有些理解这个孩子为什么去不了学校了，也隐约感觉到这个孩子憋闷的心情。于是，与这个来访者慢慢接触下去的心态也就由衷产生了。

我们把这两种态度做个比较就可以看到，起初是一种非常具有道德感的反省，而后来则是一种对现象仔细观察的态度。正是这种观察的态度使了解事态的点发生了变化。以这个点进行心理咨询，这就像刚才所说的，与其做单一的道德性反省，不如去更多地追究现象，尽可能地追究细节，没有这样的科学探索之心，很难连接到这个点。心理治疗与宗教有各种相似之处，我认为正是由于有这样的点两者之间才衍生出区别（也许，宗教家以这样的方式行动的话说不定就相同了）。

面对这样的场合，更不好的处理方式是，竭力隐藏自己所感受到的愤怒。这是最坏的。有人明明感到愤怒、郁闷、委屈，却不表现出来，只是说，我很努力地去接纳对方但好像没有想象的顺利。我们心理咨询师也是人，能够感受到愤怒是理所应当的。当感受到这种愤怒时，我们可以用探寻好奇的目光去观察这种愤怒，看看这种愤怒情绪的深处存在着什么样的感受。这时，我们如果能够意识到移情的存在，反倒更能体会来访者的感受，从而达到深入的共情。事实上，我们要做到真正意义上的接纳，及不间断、深入的共情，都与深层次的理解相关联。大家经常会带着案例来与我讨论，我们就通过这个点，加深了对移情的了解，之后很多人都感到咨询过程一下子顺畅了很多。不过可惜的是，大多数人还是会陷于单一的道德性反省中难以自拔。

## 接受移情的是与非

究竟是产生移情好，还是不产生移情好，因心理学派的不同而说法不一。就我个人而言，还是觉得没有移情好些。说得更极端些，我觉得没有移情心理咨询会进行得更顺利。之所以这么说，是因为当移情产生后你不可能置之不理，而这种场合下你的处理是一个极其复杂困难的过程。没有受过相当程度的体验和训练，并具有一定经验积累的心理咨询师是难以胜任的。比较严重的时候，来访者甚至可能出现对男性产生女性形象的移情，或是对女性产生男性形象的移情。更为极端的情况是,对女性的治疗师怀有父亲般的感情,或是把男性治疗师当作母亲。移情的过程中,往往会产生激烈的爱与恨,由于这非常类似于恋爱状态,所以心理咨询师的处理需要极其谨慎小心。并且,由于移情是由来访者自己幼年期的情感转移而来的,所以并不仅限于恋爱中的情感。有的心理咨询师想到移情,就以为全都是恋爱情感的转移,其实它产生的只是和恋爱相似的情感,和爱这个情感还是有很大不同的。而实际上,当这样的移情产生的时候,虽说心理咨询师应该尝试接受为好,但要尝试接受来访者对于心理咨询师产生的这种恋爱情感,实在是件非常吃力不讨好的事。而反过来,如果拒绝对方,咨访关系就会中断。接受还是不接受,确实是个大难题。因此,我觉得如果不通过移情就能治愈来访者的话,会更好些。

## 对移情的态度

不过,也有好像有意促使移情产生的心理咨询师。我之前也曾说过,接受过专业的精神分析训练,熟知对移情的过程应该怎样处理的人,在此另当别论。我所指的是那些没有接受过一定程度训练的人,他们在不知不觉间促发移情并尝试去处理,这样的操作显然是危险的。

所谓在不知不觉间促发移情,究竟是怎么一回事呢?比如,与来访者的面谈时间比约定时间延长的时候,心理咨询师觉得,对方好不容易打开话匣,谈兴正浓,那就再听三十分钟吧。接下来,来访者要求比约定的时间晚到时,也轻易回应说,可以呀,就这样吧。由于这类事情在自然而然中接连发生,移情就会变得非常强烈。为什么如此说呢?大家自身如果接受过心理咨询就会认识到,咨访关系是极为严肃的关系。我们一直在强调来访者要以自己的力量成长起来,但对我们每个人来说,没有比依靠自己的力量成长更艰辛的事了。所以这时来访者对谁伸出的援手都会紧紧抓住。

让我说得更具体些。如果有人说:"我憎恨母亲,我实在没法控制这种情感。"对此我们一般的应对是安慰对方,然后可能会提议去和这个人的母亲见面好好谈谈。而如果这个人对心理咨询师说"我憎恨母亲",心理咨询师对此的应对则是认真倾听,但不会说什么或做什么。通常的人际交往中,谁都不会去探听这种家庭私密事,即便是听了,一般也都会安抚对方说"不过,你母亲也有好的地方呀!"或者是说"你说恨,我看其实也没有这么严重吧"来转换话题。而心理咨询师对于这些让人回避的话题,不管是说憎恨母亲,还是说恨不得想杀人,都会专注地倾听,这让来访者觉得,"这个人肯听我这些不敢对人言的心里话,他肯定是很在意我的,对这个人我是可以畅所欲言的",并进而想到:"这个老师肯定是站在我这边的!"而他更想表明的是:"我也不是那么被人讨厌的人啊!"但对此,心理咨询师却不能回应说:"嗯,你很了不起。"或者是:"为了你,我会尽力而为的。”因为如此一来，来访者就会做进一步确认。而最为便捷的确认方法，就是打破时间或者场所的限制，以此测试心理咨询师是否还会接受与自己面谈。

对于这一点，如果大家以来访者的身份面对心理咨询师，便可以清楚地感知到。你坐在心理咨询师面前，“老师，你是不是觉得我是一个不平常的人？”“老师，你喜欢我吗？”这样直接的话怎么也说不出口。于是间接了解的方式就是无视约定，试试看这个人是不是为了我真的可以做到尽心尽力。这就意味着，心理咨询师对约定哪怕是稍稍的改变，都会被来访者敏感地认为是心理咨询师对自己的一种态度。这个时候，心理咨询师如果不经意地随了来访者的意愿，来访者就会沉醉在心理咨询师是为了自己什么都愿意做的一厢情愿中，强烈的移情就产生了。

还有一种情况也很常见，当心理咨询师没做出任何反应时，为了检验这个人对自己究竟怀有怎样程度的情感，有些来访者会提出问题。那些以不随意回答来访者为信条的心理咨询师，面对这类问题的机会相对更多。

例如，来访者说：“老师，我和丈夫关系紧张，我想提出分居。”心理咨询师回应道：“哦，你想分居呀。”来访者会追问说：“那么老师你是怎么想的呢？”或者说：“老师如果在我的立场上，你会怎么做呢？”类似的各种问题接连抛来。来访者这样做的本意，是想确认，这个老师是否在真心实意地帮助自己应对所有的麻烦。“老师，你会救助我吗？”这才是来访者最想问的话。这种心情如果不了解的话,咨询大多会中断。但是,如果对这种情形做出回应,那么很可能就会产生移情。对于来访者“假如是老师会怎么做”的问题,如果心理咨询师不经意地以“我可能会离婚吧”来回应,这就犹如在强烈地呼唤移情的到来。

有些非心理咨询工作者,认为自己拥有丰富的人生阅历和情感经验,可以为婚姻情感遇到挫折的人指点迷津,但这种状态下进行的对话大多在两三次后就会中断。因为他们在不知不觉间唤起了对方的移情,而当这种移情日趋膨胀时,他们往往不知如何处置而只得放弃。我见过不少这样的人。“如果是我的话,我会结婚。”“如果是我的话,我会这样做。”当心理咨询师说出忠告或者建议时,如果来访者对此信服,或者有以老师的话为准则的行动力,也许还不至于出现大问题。但如果这个来访者本身力量过于弱小,这时产生的移情之强烈,将是心理咨询师所无力接受的。于是,来访者就会发出极其不满的声音:“那个人的职业能力真不怎么样!”“那个老师太纠缠不清了!”虽然事实上想缠住别人的是他自己,但他对自己做过的事却毫无意识。这是我们在心理咨询中非常不愿看到的一幕。来访者本人往往对自己的责任视而不见,看不到这场风波其实是由自己掀起的。

有个人曾问我:“您如此深入地听取他人的问题,却为什么没有被缠扰,没有受影响呢?”这个人对他人的事情热情相助，不遗余力，这样的尽心竭力，却不知为何反而让人觉得纠缠不清，对他并无好感。而反观我，却没有这种受影响或被困扰的事情发生，因而他很是不解。对此，我可以断言的是，这个人一定做了会让他自己被缠扰的事。

我们人都是非常软弱的生物。因此，在短时期内受到无微不至的关心谁都是欢喜的。而一旦过了这个短时期，这样的关心就会是种纠缠，让人腻烦。我相信所有人都希望人际交往关系保持在不麻烦的程度上。对于心理咨询师来说，这样的态度有必要更为鲜明。可以这样说，让普通人感到喜悦的那种类似于恋爱般的情感，基本上都与爱无关，而越知道这一点，心理咨询师对此现象也就越没有喜悦感。深入而不亲密的关系，虽不亲密，但随着心理咨询过程的展开，咨访关系会不断深入，这是我们不可不知的心理咨询的真相。

## 反移情

心理咨询师自身常常也会对来访者产生移情。这称为反移情，也称为反向移情。一般在心理咨询师对事态做出乐观估计的时候，就会产生这种情绪。又或者是，心理咨询师与自己的父亲或母亲之间有很大的问题还没有得到解决的情况下，比如有这样一个心理咨询师，他与母亲之间的联系非常紧密，因难以分离而受困扰，当他遇到带着同样的问题来到自己面前的来访者时，会对来访者所说的话感同身受,但因为这种过于了解,容易把自己的问题和来访者的问题捆绑在一起。于是,心理咨询师对来访者倾注过度的同情,使得对方无法从自己的问题中找到突破,失去了自主的能力。也有的情况是,尽管来访者带着其他问题而来,但心理咨询师会立刻将其问题与母亲的问题联系起来。这些都称为反移情。还有的情况是,假如来访者对心理咨询师怀有一定程度的类似恋爱的情感,而心理咨询师也产生了与来访者相仿的感觉,那么这种情况就是明显的反移情了。

## 2. 心理咨询师和来访者的关系

心理咨询师想要为来访者进行深入治疗,必须对自己有非常清楚的认知。而为了清楚地认识自己,心理咨询师接受心理咨询的体验是个很好的训练。

虽说要对自己有一个透彻的了解,但心理咨询师也是普通人,其实和任何人一样,对自己的内心所知甚少。就我个人而言,我从没有做过母亲,使劲深挖一下,说不定心底深埋着想成为一个母亲的愿望;我也从来没有做过狂放不羁的强盗,这个可能性说不定也是存在的。我想说的是,其实我们自身的可能性是无限的,所以无论怎么说了解自己,也只不过是比他人更了解一些而已,并非无所不知。这样的我,当面对每一个不同的来访者,他们作为不同的个体,怀揣着各自的问题,我很少能自信地说,我可以将他们的问题解决。即使对自己有相当的认识,我们还是有可能在不知不觉间卷入像移情和反移情这样的事态中。究竟这是来访者的问题,还是心理咨询师自身的问题,这很容易让我们产生迷惑。那么话题进行到这里,究竟对这个现象该如何思考?我们对这个现象又该怎么称呼才好呢?我想用一个案例来探讨这个现象的意义。

### 反移情的案例

我和一位智障儿童的母亲有过一段长期的心理咨询经

历。在和这位母亲谈话的过程中,有一次我突然感到郁闷难抑,有些话冲口而出:“为什么一定是这个孩子一出生就注定了他智障的命运?想一想,您从没有做过坏事,您的丈夫也没有做过坏事,我们都从没有损人害人之心,那么为什么要让这个孩子背负这样的厄运?你看这世上做了很多坏事的人,反倒有个健健康康的孩子,甚至比普通孩子活得还滋润。即便说这个世界总要有几个不幸的智障孩子出生,可为什么一定要由我们来承受呢!这个世界太不公平了!”

不曾想,这个来访者也就是孩子的母亲反过来安慰我说:“老师,我不知道是不是因为我有这样一个智障的孩子,所以才有了现在这样不同寻常的人生。因为有了这个孩子,我有了其他母亲从未有过的经验,对如何做母亲这件事有了更深的体会。可能正因为我有一个比别人能力低的孩子,一直生活在别人异样的目光下,所以我成了一个更理解别人的人。”请试想下这种情形,感慨的人和安慰的人竟然完全主客颠倒了。像这类事情,在长程的心理咨询中,会在“当下”这样一个时刻发生。这并不是意识层面想做就可以做到的事。而是两个人在长时间的相处过程中相互感染的结果,就像眼前这位母亲心中萦绕不去的,是对于自己为什么要背负智障孩子的命运的悲伤和怨愤,这终于也从我的内心中真实地流露了出来。我的抱怨,让这位母亲第一次体验到了有一个智障孩子对她的“意义”,所以她才能说出那些安慰我的话。我们的咨访关系,有时候是会像这样发生主客颠倒的,心理咨询师和来访者两者之间,体验着被同一个问题扰动,分不清究竟哪里该由心理咨询师引领,哪里又该由来访者引领。

还有一个例子,是来自某个心理咨询师的体验。来访者高中毕业后在家待业,心理咨询师感觉并没有深入触碰到这个青年的问题,但来访者在接受心理咨询后确实有所好转,准备去参加大学入学考试。对于这场考试,心理咨询师也是格外牵挂担心,如果这个青年能考取自然证明了心理咨询的有效性;如果落榜,那么自己一番辛苦努力似乎也没帮到他多少。大学入学考试发榜的第二天,两个人在心理咨询室外的走廊上相遇了。心理咨询师急忙问:"怎么样啊?"来访者说:"没考上。"心理咨询师感到无比失望,走进房间后,还是不知对来访者说什么好。当心理咨询师无精打采,连"太可惜了!""明年再努力吧"这些话也没力气说时,来访者却走近说道:"老师,你看这个!"一看,居然是录取通知书,因为太过震惊于这个转换,心理咨询师都不知该如何表达欢喜了。

实际上,这个如此顽皮的孩子,在心理咨询开始前却是个不苟言笑的孩子。这么个孩子,现在却开了这样一个大胆的玩笑,又蕴含着怎样的意义呢?可以这样说,心理咨询师在不知不觉间成了这个孩子的"父亲",于是对这个"父亲",孩子忍不住捉弄了一下。"我这个孩子不成器,如果我再不花功夫好好打磨雕琢就完了”，这样的思维方式显然是有悖于心理咨询师的职业准则的。从心理咨询师的本意来说，不论来访者如何意志消沉，看上去毫无出色之处，我们都依然会相信这个孩子内在的能量，相信可以让他重新站起来。但即便头脑知道这些，当这个孩子坐在面前，心理咨询师却还是不由自主地扮演起了孩子父亲的角色。心理咨询师热切希望这个孩子振作起来，在内心深处想亲手搀扶起他，这种心情在这个来访者大学入学考试时达到了顶点。而就在到达这个顶点的时候，这个孩子突然来个大反转。这等于是在说：“父亲，不用这么担心啦！我现在已经是成人了。可以开你的玩笑，还考上了大学。”这是结束的宣言，是宣告独立的宣言。类似这样的事情，会在心理咨询现场发生。

面对这种情形，这个心理咨询师的应对是不是不够成熟呢？作为一个心理咨询师，他不是相信这个孩子的能力然后耐心等待，而是承担起了父亲的职责，听上去确实是不太高明，但我认为不能一概否定这样的处理方式。为什么这样说呢？我们看到这个来访者以打碎父亲形象的方式显示了自己的能量，心理咨询师成了来访者振作起来的重要素材，从这一点来看，这个心理咨询师显然做了一件非常了不起的工作。而实际上，这个孩子在家里，对他的真实父亲的态度也发生了很大转变，真正成长了许多。

## 如何更恰当地看待反移情

遇到这样的情况，心理咨询师究竟该怎么做才好？对于那个心理咨询师询问我的这一问题，我是这样回答的：和柔道一样，心理咨询师被对方摔倒那么索性就漂亮地摔倒吧。确实，柔道老师就是通过让徒弟们摔倒自己来传授柔道技巧的，这是掌握实操技能最有效的方法。只是这样的时候，我们也要注意被对方摔倒时的自我保护，不能让自己损伤，甚至有性命之忧，只有保持这样的专业性，才能继续接触不同的来访者。这个案例是以结束宣言为特征的。来访者虽然口头上没有表示自己可以独当一面了，但却用行动宣告了自己的成人。对此，心理咨询师虽然是不自觉地担当了父亲的角色，可以说是一种反移情的表现，但确实也是通过这种反移情，使心理咨询对来访者起到了很好的效果。

我在第五章详述的案例中也提到过类似的状况。我去来访者家的时候，终于忍不住自己的怒气大声叱责，这个表现明显是我产生了反移情，我成了那个家中“像父亲一样的人物”。大声叱责这个行为当然不可取，如果是更成熟更有智慧的心理咨询师，可能不用这样的怒吼也可以做得很好。但就我当时的状态和来访者的状况而言，除了怒吼我实在没有其他方法了。因为在我们的心理咨询的相处过程中，我作为一个人体验了“成为父亲”的感受，而那个孩子也以他的感受体验了这种“成为父子”的关系,并因此逐渐振作了起来。不过,像我这样的情况,还有刚才所举例的心理咨询师的情况,也说明了反移情的产生可能会给心理咨询师自己带来某些伤害。

这让我联想到古希腊时代,当时治疗身体疾病有“以伤害的方式治愈”(Healing by Wounding)的想法。当头痛的人来看病,医生会用先让自己头痛的方法来治愈病人,也就是说,医生通过将患者的头痛原封不动接受过来的方法进行治疗。现代医学当然不会使用这样的治疗方式,但在心理咨询中,这样的方式却会屡屡奏效。咨访关系滋养着可能性的世界,在去往这个世界的过程中心理咨询师也要一同投身其中,经过了受伤才会被治愈。但关键在于,心理咨询师必须是个能够通过受伤而被治愈的人。因此,心理咨询师必须经过足够的训练。而如果以这种方式思考,我不知道这是否还可以简单地称为移情,是不是可以说这是有更深刻意义的移情呢?这不是说它与幼儿期的体验有怎样的关联,而是它通过使内心深处的可能性世界更为活跃更有影响力,让某种共通的可能性世界不仅作用于心理咨询师,同时也作用于来访者,使得两个人在不懈而又卓绝的努力之下,将这些可能性最终融为自己的一部分。在这个过程中,不仅是来访者的,心理咨询师的可能性世界也同样得到了发展。这样的情形,我认为是产生了某种具有深邃意义的移情。

## “开放的态度”

相对于这种深度的移情，来访者如果对心理咨询师有身体接触的要求，我们会称之为激烈的移情。这种移情有的看似激烈，实则内容浅薄；也有的相反，表面看似并不激烈，但在其深处却潜藏着翻江倒海般的移情。

从这个意义上来说，心理咨询师在与来访者面谈时，需要拿出最理想的状态，就是完全打开自己，这不仅是对来访者，对自己内在的可能性世界也同样需要采取这种开放的态度。专注地听取，对来访者的一言半语都不遗漏，比起这种意识层面的努力，我认为我们更需要对咨询现场所发生的任何事情都以柔软的态度去包容和接纳。在心理咨询中，当我们感到生气、烦躁时，比想着如何克制、转化自己的情绪更要紧的是思考：我为什么在此时此地会有这样的怒气？对于自己内心涌动的情绪，不论是什么都可以做到接受，并能够带着好奇的态度去更全面地观察和探究，无疑才是心理咨询的最佳态度。

举一个可能不是很恰当的例子，这是我曾经做过的一个不上学的小学生的个案。

这个孩子的智商超出一般的孩子，但情商却属于发展迟缓的。与他交谈时，我发现这个孩子的小说阅读量令我这个成人也自愧不如。但这孩子却离不开母亲，晚上还和母亲同床睡。总之，这是个情感上还处于幼儿园阶段，头脑则属于初中生以上的身心发展不平衡的孩子。有一天,这个孩子和我散步时,一起玩起了剑斗游戏,玩着玩着,不知怎么回事,我感到不好意思起来,便提议不玩剑斗改为用木剑一路乱敲乱打地回了家。这个情绪和举动,让我不由自问缘由。其实我并不讨厌和这孩子玩剑斗游戏,但为什么那个时候,我会感到害羞呢?我琢磨的结论是,真正害羞的不是我,而是那个孩子。情感上还处于幼儿园的孩子,在与我的接触中长大了。虽然他有玩剑斗游戏的兴致,但因为他的初中生的头脑,让他感到现在还玩小孩子游戏的幼稚。看来现阶段玩这个剑斗游戏还是早了些。因而在玩到一半的时候,"我"感到了害羞。像这种情况,我们不用强求解决之道,干脆地顺应当时情境就好。这位心理咨询师通过听从自己内心的感受,耐心等待,直到适当的时机出现。

以这样的思考去做心理咨询时,我们可以感受到各种情绪的涌现,这是件非常有趣的事。而心理咨询师每一次也会有崭新的发现,这与一味地、硬邦邦地听取对方的言语,全身心地让自己去接纳对方的感觉是不同的。在我看来,这样有点乐趣的感觉,说不定会培育出更有益的东西来。

# 3. 设定界限的意义

从以上所述来看，大家可能会觉得当新的陌生的情绪涌动出现时，咨访双方只要去共同体验，心理咨询中似乎遇到什么都可以迎刃而解。但事实上，任何事情都不可能这么简单。所谓可能性的世界，就像我多次强调的，是个充满未知的世界，如果冒冒失失跳进去，心理咨询师的助力反而可能造成两败俱伤的局面，这种情况并不少见。很多时候，依从来访者的要求更改时间、变换场所，或者是去家访等等，随意地改变心理咨询设置，很可能会强化来访者的依赖性，促使激烈的移情产生，心理咨询师这时如果难以全部承接这样的移情，就会导致咨询失败。

## 心理咨询师必须严守的界限

尽自己最大可能的努力，期待来访者的人格发展，心理咨询师在这样做的时候，时间、场所等的设置似乎与此有些矛盾，然而也正因为有这一类设置，人们才可能建立深厚的关系。所谓尽自己所能，一般而言就是指在自己力所能及的范围内提供援助，但这与心理咨询师所认为的不尽相同。心理咨询的目标是发掘来访者的可能性，这一点我曾多次强调过。而可能性的发掘这件充满困难的工作，大多只有在严守设定的界限，不断付出努力的情况下才有可能完成。

例如，与某个来访者面谈后，他的孤独和悲伤的情绪也强烈地传递给了我，让我的心情变得沉重起来。回去后，我将自己的心情写了下来，然后还写了安慰的话准备寄给来访者。但是，想到心理咨询师必须遵守的界限，信没有寄出。这样一来，在下次见面时，来访者表示上次交谈之后，强烈的孤独感让他到了不能忍受的地步。他也曾想到过，怎么老师连片言只语的安慰也没有呢，不过，后来某天他偶然在街上碰到了好久不见的旧友，两人聊了很多话题，他也谈到了自己现在的烦恼，友人对他非常理解，这让他心情轻松了不少。之后，他与这个友人又开始了亲密的交往。

与友人重新建立的亲密关系，成了这个来访者日趋振作起来的很大支持，像这种情况，我当然认为那封信是不寄出为好的。如果那个时候寄出了那封信，这个来访者当然会非常高兴，非常感谢我。但是，这个感谢很有可能成为对我更大的期待，而我也会为了回应这份感谢和期待，继续努力，但结果可能是，在这样的关系中产生的移情和反移情，会令两个人都泥足深陷。情况可能会变成，心理咨询师对来访者的阳性移情感到喜悦而产生反移情，于是想逃离这种情绪，而从中生出的无用的苦恼又会折返给来访者。为了避免这种复杂状况发生，心理咨询师一定要严格自戒。

## 心理咨询师须警惕自恋

来访者能够尽早地从我们身边转身离去是心理咨询的目标。虽然让来访者喜欢我们或是对我们充满感谢，从来不是我们的目的，但与一个曾经有过一段如此深刻接触的人一旦分离，没有忍受过这种痛苦，并对此的意义懵懂无知的人，难以成为一个合格的心理咨询师。

我稍微岔开一下话题，就拿刚才写信的那个例子来试想一下，当时出现的旧友对来访者的情绪好转给予了很大的帮助，但这位友人帮助来访者的方法，和心理咨询师帮助来访者的方法是不同的，对这一点我想提请大家注意。友人对来访者的苦恼表示了同情，还特地去他家里给他安慰，而心理咨询师呢，没有做这些事。然而正因为没有做这些，也就从侧面协助了来访者，让他内心有了想获得友人的心理准备。相反，如果心理咨询师尽情表达自己共感到的孤独感受，使得来访者以为找到了可分享痛苦的人，反而无从深刻体验自己的情感，那么他在街上遇到友人的时候，可能就不会敞开心扉畅叙苦闷了。说到这一点，我再次清楚认识到在心理咨询中，对来访者的好转、治愈有帮助的，除了心理咨询师以外，实际上他周围的人和环境，比如友人、父母、老师等都会提供助益。心理咨询师如果不弄清这一点，自认为力挽狂澜，产生以一己之力拯救了来访者的错觉，这显然与心理咨询师的过度自恋有关，是极不可取的。

在很多人帮助来访者的情况下，心理咨询师本来的职责，就是遵守为咨询设置的场所和时间，可以说，我们就是凭借这种以不变应万变的姿态，促使并支持来访者不断努力，挖掘出其自身的可能性的。

不过，当来访者周围的人无所助益时，就如刚才的例子中，如果来访者没有见到那位友人，也没有家庭成员可以给他关心，孤独感越来越严重时又该怎么办呢？这种时候，心理咨询师无疑面临一个二选一的难题，如果确实必要的话，就需要我们突破设置，跨越界限，采取写信或者上门家访等行动。但当我们这样做时，一定要对自己言行的意义有清楚的认知。比如对于因此可能出现的激烈的移情，要做好承受的心理准备。总之，必须要有克服种种艰难，让来访者逐渐独立的精神准备和决心。

## 心理咨询师作为人的界限

确实，如果过于抗拒反移情，心理咨询将无法进行。就如前一节所说的，“以伤害的方式治愈”可以说是治疗的根本。但是，作为一个心理咨询师，作为一个有血有肉的人，知道自己的弱点和能力的界限，明白突破这个界限的可怕，是我们心中必须时刻谨记的。即使我们为了保持这个界限而使得心理咨询进展不顺利，即使其中有些来访者有段时间会对此耿耿于怀，我们也不能为此打破自己的界限，因为由此引发错误而夺去来访者生命的事情并不是不会发生。

但当来访者和心理咨询师确立了深厚的关系，来访者的能量也显著增强时，我们可以不必对界限的问题过于神经质。此时稍稍越界也未尝不可，因为不会引起来访者强烈的移情反应。当然，即使在这种场合也还是不允许轻易、随便地打破界限，只有当来访者的内在必然性也逐渐提升的时候，打破界限才不会有问题产生。

在第五章所说的案例中，我的行为打破了很多界限，但那是我的无奈之举，因为当时我除了那样做实在想不到其他手段，所以那绝对不是良策。坐上出租车送来访者去学校，让来访者来家里住宿，“我也应该这样热情地去对待来访者”——如果造成大家有这类想法那绝对不是我的本意。因为有些人会认为心理咨询做起来很简单，有些人又会过于拘泥于形式，所以我用这样一个特别的案例来说明，希望大家能以这样的视角去看待心理咨询。心理咨询肯定是在规定的场所、规定的时间里进行，以使来访者外放的能量聚集到内心深处，更利于发生深刻的人格变化。即使在那个案例中，我一边打破界限一边也在努力地回到界限内，打破界限的时候也是极其迷茫、极其抗拒的，只是被这个个案的必然性所驱使，不得不走上了这条打破界限之路，希望大家对此能够有充分的理解。

就如最初所说的，移情是非常复杂、非常难以处理的问题。所以对于新手心理咨询师来说，还是尽量避免发生这类有难度的移情为好。从界限这个角度来说，在心理咨询中，心理咨询师明确知道作为一个人是有界限的，这是特别重要的事情。心理咨询师，应对自己的界限铭记于心。

# 第八章

## 心理咨询师的工作

# 1．心理咨询师的工作

我想将至今为止所说的做个总结。

说到这里，大家应该有了大致的概念，心理咨询所强调的是，将关注点放在比来访者现在的状态更为重要的发展可能性上。我们的工作不是单纯询问来访者现在有什么样的苦恼，考虑该如何立刻着手解决这个苦恼，而是关注苦恼背后的这个人的可能性。当我们以这样的态度来处理心理咨询，来访者的自我防御会逐渐减弱，对自己的可能性也会抱以期待，并会对自己以往的人格进行整合，从而使人格得到提升，然后使问题逐步得到有效的解决。

## 心理咨询师的基本安定感

按照上述说法，似乎来访者完全可以通过自己的调整治愈一般，那么在来访者治疗的整个过程中，心理咨询师究竟做了些什么工作呢？显然是做了各种工作。我首先想提及的是，心理咨询师自身具有**基本的安定感**，这是心理咨询过程中虽不显见但不可或缺的部分。

简单地说，就是来访者见到这个心理咨询师，能够感受到某种安定感，有种和这个人什么都可以聊，即使说些出格的话、发生些古怪的事情也不用担心的感觉。我认为一个心理咨询师拥有这样的安定感是至关重要的。人探寻自身可能性的过程是条充满荆棘之路，这一点之前已经反复说到过。直面自己的缺陷，暴露自己令人讨厌的部分，从而开始发展新的认知，这是一件做起来充满风险的事情。而心理咨询师能够给予来访者的，就是让对方觉得自己的缺陷在这个人面前暴露出来也并不感到危险的安定感。心理咨询师稳稳地、安静地坐在来访者面前，这个场面中所弥漫的一种安定感，对于心理咨询有着莫大的意义。

来访者经常会说这样的话，“这种话本来不该说的，想不到今天会不由自主地说出口”。在面对面的对谈中，有关自己过往隐藏在暗处从不愿对人说的话，自己不愿正视的缺点，来访者之所以能自然而然地述说，也是因为有这样一种安定感的存在。这一点，从某种意义上可以说是与母性相关联的。我们在母亲的面前会痛快淋漓地哭泣，会对着母亲说这样那样不顺耳或是不敢对别人说的话，这不仅具有某种安定感，而且还有温暖的感觉。有时候，在相对简单的个案中，只要心理咨询师拥有这种基本的安定感，来访者就可以逐渐治愈。在一个弥漫着安定感的氛围中，来访者自己叙述，自己寻找到可能性，然后自己变得越来越有自信和活力。因此，说到心理咨询师，大多会让人联想到女性的形象。从事心理咨询工作的人大多为女性，这一现象可能也与此相关吧。

## 支持安定感的理论

当然，心理咨询仅有母性化的宽容和温暖是不行的。

"希望这个人能早些好转",或者"这个人说什么我都极其耐心地听着",抱着这样的态度,也就是以母性化的情感来做心理咨询,对此我之前也反复提到过,一旦当来访者叙述了让人感到震惊的事件时,有些心理咨询师就会难以承受这种冲击,安定感随之崩塌。例如,某个来访者说想自杀,或者说了很多对父亲极端深恶痛绝的话,心理咨询师不管怎么想保持稳定的情绪倾听,还是会产生"这个人好可怕"或者是"太惊人了"这样的想法,于是,心理咨询师变得不安起来。面对这种情况,显然心理咨询师不仅得要有母性化的情感,还必须要有丰富的人生阅历。关于这一点,作为理论和态度的互补性我已经多次强调过,比如,在明确知道自杀这件事对来访者的意义的情况下,心理咨询师可以安静稳定地倾听对方的叙述。不仅是情感,我们所拥有的知识也会赋予我们安定感。从这点上来说,成为心理咨询师的人,如果母性化的部分过多,弄不好就会在知识的部分有欠缺,这并非真正意义上的基本安定感,只不过是想让来访者早点安心的这份心情过于强烈罢了。如此一来,很有可能出现这样的情形。来访者说:"我这个人就是个没用的人,活着太没意思了。"心理咨询师说:"不,你当然不是没用的人啊!"又或者来访者说:"我已经没有活下去的勇气了。"心理咨询师说:"不,请好好活下去,你是个了不起的人!"这样的对谈,显然不是基本的安定感,心理咨询师只是一味地想让来访者感到安心,而这种做法往往适得其反,会使来访者失去进步的动力。

人是有惰性的,往往一旦安心就会失去前进的动力。人之所以有进步,是因为对自己的某些部分感到不安,并以此为起点开始努力。自己是不是就是无能的?自己是不是就是不如人的?人们暗怀着这些不安,很需要一个能够表达这些不安而又不会损伤自己尊严的地方,这就是心理咨询师持有基本安定感的意义所在。如果我们一下子就将目前的这些不安彻底赶跑,这就像母亲如果对孩子照顾得过于周到,孩子就没有进步一样。但有些心理咨询师会陷在这样的弱点中,由于同情、怜惜等情感的过度而导致失败。我所说的心理咨询师基本的安定感当然不是这么回事,所以特地以“基本的”来定义,就是想重申,一个心理咨询师应该始终在内心深处保持处变不惊的安定,这样才能面对并处理来访者目前的不安,并进而让来访者在体验不安的感受中实现蜕变。

## 所谓的“等待才能”

如果像这样有基本的安定感,同时具备相应的必要的心理咨询知识和技能的话,就可以说是一个合格的心理咨询师了。不过,这里我还想加上一个有趣的内容。我很想强调这个有趣的内容,但又为找不到恰当的日语表达它而感到很为难。

说到这点,可能又有些岔开话题了。之前我说过心理咨询师和音乐指挥很相像，奥地利音乐指挥家库尔特·韦斯(Kurt Wöss, 1914—1987)——他好像曾经来过日本——在书中曾写道：要成为一个音乐指挥有一些必要的条件，其中“音乐的知识是绝对必需的”，然后“不仅是知识，还要有技能，比如看到管弦乐的总谱一定能够立刻在钢琴上弹奏出来”。这方面他写了许多，最后他说：“即使像这样的音乐方面的才能全部具备，最后如果没有‘+X’还是无法成为一个真正的指挥。这个‘+X’是什么？就是当这个人站在全体演奏者前面，仅仅是一个站立，就会激起大家演奏的兴奋感来。当这个人站在那里，就好像在说：‘今天是贝多芬哦！’于是，全体演奏者的心中都会涌起共鸣：‘好嘞，来一曲贝多芬！’如果没有这样一种‘+X’，无论有怎样的音乐才能都不可能成为真正的指挥。”我认为心理咨询师亦是如此。一个真正的心理咨询师除了先前所述的条件之外，还有必要加上这个X。

这个X可能给人不明就里的感觉，大家也许会笑着说，别写X了，还不如写个方程式更容易懂呢！但实在不好意思，虽然我觉得肯定有恰当的日语表达，但限于自己的能力，只好借用“Constellating Power”这句英语来命名这个X。拥有某种可以促发、培育新生之物的能力，并且这个能力，不是由心理咨询师培育而生的，而是在来访者的内心中诞生新生之物，并促使其发育成长的能力。借用库尔特·韦斯所说的话，“这个人仅仅站在前面，大家的内心深处就涌起‘演奏贝多芬’的兴奋感”。这就像一个优秀的心理咨询师,他只是坐在来访者的面前,对于来访者来说就有了从未曾有过的体验,诸多情绪也会从内心深处缓缓涌出。

若对这个 X 稍作分解,我认为它含有通向可能性的信赖和参与的决心这样两层意蕴。所谓通向可能性的信赖究竟是指什么呢?我想若说得简单明了些,也许可以称之为等待的才能。

能够等待——当所有人都觉得问题无法解决,眼看着这样下去快不行了,一定要做些什么不可的时候,而你却觉得,不,让我再等等,或许会有什么改变出现。当然,这不是单纯的等待,而是对于一眼看去诸多冒出来的糟糕的问题,能够以“总会有办法的”这样稳定的心态去看待。比如说,在听到来访者说:“我太难受了,我觉得自己快要死了!”你不用立即心想:“不行,死太糟糕了。”而是试着感受,“竟然如此难受啊”。然后等待着。也就是说,不去简单地评判,不去简单地确定咨询方向。缺乏心理咨询经验的人一般都会过早地确定方向,武断地判断:“嗯,这是婆媳之间产生的问题,因此,如果婆婆没有改变的话,问题就解决不了。”或是“如果儿媳没有改变的话,问题就解决不了”。而有一定经验积累的人则会以“虽说看上去是这样但也许并非如此简单”的想法去等待事态的发展。可以说,通向可能性的信赖,在此就是表现为这样的等待。甚至可以说得更明白些,就是先什么也不做的意思。心理咨询师都有这样一种倾向，就是不管怎样，先着急着想要做点什么。所以我想说，这个时候，能够什么也不做，才是了不起的。

## 参与的决心和欲望

过于强调什么也不做，可能有人会认为："要做些什么是困难的，但什么也不做就可以完成心理咨询，那不是谁都会？"然而，看似无为，事实上却是一件极其艰巨的工作。因为我们要在这什么也不做的行为之中孕育出新生之物。这是一个充满了迷茫和混沌的内在世界，走向这个世界中的你和我，也就是来访者和心理咨询师，必须坚定这样的决心，或者说这样的期待，就是不管这个世界通向哪里，不管前方会遭遇什么，都要一路向前。而且，虽然是如此有勇气的决心，但这个决心却是不显山露水的。叱责或者说教，能让对方非常明了我的心意，但不使用这些一目了然的行为，而是在什么也不做之中将自己的决心添加进去，这对任何心理咨询师而言，都不得不说是个非常艰巨的工作。

而实际上，来访者常常弄不明白心理咨询师居然有这样的决心和期待。我也曾有过做来访者的体验，通常都是来访者面对心理咨询师，说了很多事情，心中想着："我如果说了这些，老师会为我做什么呢？""老师为什么会这样帮我呢？"但心理咨询师除了说"嗯"之外什么也没有做。来访者就会觉得："这个人是不是对我没什么兴趣呀？"或者"这个人只是听着，并不是尽力想为我做些什么吧！"当然事实上，心理咨询师正因为很尽力才能这样专注地听取，正因为很尽心才会什么也不做，以防自己轻举妄动，使来访者好不容易走上的人格发展之路被不小心阻断了。

关于这一点，有一次，我的精神分析督导曾问过我这样一个问题："你体验了长期的精神分析后学到了什么吗？"我当时回答："在学习了这么多后，我更加明白了'心理咨询师在心理咨询过程中如何下定决心参与'这件事，这是我非常大的收获。"我之所以这样说，是因为日本人擅长等待的相对较多。这样一来，在等待之中会生出"这事情不管怎样都可以吧"的想法，随后便成了"死也好，活也好，该怎样就怎样吧"的心态。这种心态似乎与上述的心理咨询师的等待和无为有相似之处，但其实后者含有相当大的决心。想明白这一点，让我受益匪浅。

拥有了参与的决心和期待，心理咨询师也会有非明确做点什么不可的时候。比如，在第五章的案例中我曾经说过这样的话："这个孩子的好转，需要家人和这个孩子一起，经历像登山一样的艰难劳苦。这个时候，我不会对这次登山置之不顾，不管你们攀登到哪里，我都会陪伴在你们身边。"我把话说得很坚决，这是因为有时候必须像这样表明决心。不过，也有完全不必说这样的话的时候。有时话说过了头，就变成了夸夸其谈，纸上谈兵。像这样一类话，有时必须说，通常则尽量要少说。而当有的来访者开始疑惑，觉得老师好像不是真心在帮助自己，渐渐失去了心理咨询的欲望时，心理咨询师这时就要清楚地表明自己的心意，“你看上去好像无精打采的样子”或者是“你如果没有想继续下去的欲望的话，我们就要不得不停止了”。这样做反而能让来访者明确地感受到你对他的心意。

当不管怎样花费时间和精力，两个人之间总是难以融合，难以诞生新的能量和可能，心理咨询在这种拖拖拉拉中延续的时候，我会和来访者做明确的沟通，“我觉得很无聊，不知你觉得怎样？”或是“我觉得很没意思，如果你也是这么想的，那么我们就停止吧”。有时这样说清楚，这样表明心理咨询师的决心，反而会促发新的进展。这是因为，过于冗长的心理咨询也会让心理咨询师感到身心俱疲，感到无论怎样等待似乎都看不到可能性的端倪。而这种时候，往往心理咨询师的等待方式欠妥也可能是原因，那么与来访者沟通是否放弃咨询，反而会刺激到咨访双方，增强心理咨询师参与的决心。

像这样的举措，让两个人再次振作精神，不论是心理咨询师还是来访者，都会真正地专注起来，认真对待从内心深处出现的新的可能性，并产生两个人共同参与的感觉。此时此地，新的可能性的诞生，不仅是在来访者的内心，也在心理咨询师的内心。不过，这个新的可能性，也存在着一定的危险性，在过于危险的情况下甚至会对两人的自我造成伤害。如果遇到这样的状况一定要立刻终止。可以这样说，当心理咨询师自身出现新的可能性时，就如同一个正在发生化学变化的实验中的容器。这时候，在这个为了探索最新物质而进行的艰巨实验中，这个容器是举足轻重的。

举一个例子。有位男性来访者，由于过于抑制自己对女性的欲望，一直以来几乎是生活在对女性闭目不见的状态中。这个人开始接受心理咨询后，心中逐渐滋生出对女性的朦胧情感和关心，有一天，这个人突然宣布恋爱了。如果慢慢地培养对女性的关注，和女性经过一段长时间的了解后开始恋爱的人当然没有问题，但从不曾接触过女性的人突然恋爱，处理起来难免会笨拙。由于内心的情感太过汹涌澎湃，使这个人无法好好看清对方，因而他所喜欢的女性大多都让人不敢恭维。但作为一个心理咨询师，我显然不能对他说："为什么不试试和更优秀的女性恋爱呢！"而且，所谓优秀或者是平庸的想法，也只是心理咨询师的个人意见而已，来访者的心中涌动的强大情感，显然已经超越了这些想法，他才选择了这一位女性为对象。而实际上，这个以世间常识来看好像不怎么样的女性，却成了这个人人格发生变化的开端，从这一点来说她倒也是个非常有"促进力"的女性。

但是，心理咨询师还来不及为此高兴，这个人接着又说出了"我要结婚"的想法。结婚，显然是一件人生大事，两个人以后要经历长年的共同生活，还要面临有孩子等诸多现实的问题，想到这些，心理咨询师坐不住了，感到自己不能只专注于来访者的人格是否发生变化这个目标。确实,这个人的父母也好,朋友也好,大家都竭力反对两个人结婚这件事,这种情况下,心理咨询师也忍不住想出声劝阻。然而这时候的阻止显然就等同于叫停实验。

面对这样的状况,我们被迫处于继续实验还是终止实验的二选一之中。这也是我为什么把心理咨询中的咨访双方的参与用实验来比喻的原因。即使我们非常小心谨慎,不让担心的事发生,但还是不知道会与怎样的结果相遇。心理咨询时而顺利得让你喜出望外,时而又糟糕得让你垂头丧气。其实,从某种意义上说,我认为人生也是一场实验。对于这个实验究竟选择哪一方,心理咨询师如果没有参与的决心显然根本无从选择。因此,心理咨询师不仅要跟随来访者,也要极其敏感于自己内心情感的涌动。"怎么也过不去自己这一关,不能再沉默了。"或是"我认为没有比拒绝更好的办法了"。对于类似这些情绪我们都必须保持敏感度。

## 严密而正确的观察

我在此使用了实验这个词,众所周知,进行实验的时候,严密、正确的观察非常关键。比如,来访者说想自杀,这个人究竟说的是"我想自杀"还是"我难受到甚至想自杀",又或者是"我做了自杀的准备,已经买了药",甚至来访者是否定下了自杀的具体日子、时间,这些细枝末节中的不同所含有的寓意也完全不同。

做实验的时候注意力不集中，稍不留神可能就会窜出小火苗，一般人这时会立刻想到危险："要爆炸了，快停止！"但如果是和已经习惯的人打交道，即使有相当令人担心的一面，还是有持续观察下去的可能的。因此，即便这个人说"我难受到甚至想自杀"，心理咨询师也不立刻就急着去制止，而是一边想着"是这样啊"，一边倾听着。于是，难受到恨不得自杀的情绪就会在这个人的心中发生持续的、非常激烈的变化，然后逐渐消散。再比如，有个人说，"我想离开这个家"，或者是"以前从来没有发生过这样的事，我突然和母亲大吵了一架"，遇到这类情况，心理咨询师往往容易被世间常识所束缚。从常识一面来看，这确实是一件不值得称道的事，这个孩子好像是变坏了。但若以更宽容的角度来看，虽然这事有不好的一面，但也有它好的一面。而从黑暗面中去发现新的可能性的一面，正是我们工作的意义之一。

因此，心理咨询师必须在相当的危险之中不失自己的安定感。也就是说，这个实验的容器不能破损。就这个意义而言，不论多么微小的事件出现，心理咨询师的咨询态度都必须是不轻视、不错过。做研发型物理实验或者是化学实验的人都会理解，真正的实验不能受困于任何条条框框。发现镭的居里夫人，如果受限于历来的、他人的常识和经验，无法想象她会有这样伟大的新发现。我们也一样，只有打开心胸、视野开阔的人才有能力去寻找、发现新的可能。我想,心理咨询在某种意义上就是一个不断进行着创造的过程。

## 2. 心理咨询师工作的多样性

### 通过“分工”进行治疗

虽然说是实验，但心理咨询师还是会在实际操作中面临困难束手无策，甚至面临危险。这种时候，我们只能选择终止实验。或者，转交给其他更适合的人继续这个实验。

转交给精神科医生住院治疗就是其中一个方法，对此，我也一再做过强调。例如，某个来访者说自己有幻听、幻觉出现，心理咨询师很认真地倾听对方思维紊乱的言语，但如果以为这样的倾听可以等待新的可能性的出现，那么等来的很可能是大爆炸。这种时候，还是放下对实验的好奇，托付给这方面的专家为好。还有上一节中提到的那个谈了一场荒唐恋爱的人，仅仅觉得这种荒唐中孕育着新的可能性，于是就以实验的心态，让这个人结婚试试的话，显然也是荒谬的。心理咨询师此时能做的，可能是与他的父母见面交流，咨询暂停一段时间看看，可能是自己去远方旅行，也可能是让这个人去哪里走走，总之会尝试多种方法阻止来访者。

但在这个状况中，我们的所作所为，显然与心理咨询原本应有的样子大相径庭。有人可能会强调，心理咨询师如果做出类似的举动会引起混乱。确实，心理咨询师在此稍稍中断心理咨询，开始和来访者的父亲沟通，或者是和他母亲交流，商议阻止这桩婚姻的话，对人的内在可能性活跃的关注就会降低，变成一种控制的行为。而这种行为如果变得得心应手，那么我们一旦感到不舒服或者担心就会想要去控制。因此，有的心理咨询师认为，“我是个心理咨询工作者，我不能去干预来访者，但是，在事态不得不控制的时候，我可以让其他人来做这件事”。我也认同这样的方式，让自己站在可以发现可能性的范围内，而当自己怎么做都不妥当，要很无奈地做出干预的时候，可以将这个干预的工作托付给他人。比如请社会福利工作者协助，请班主任帮忙等等，这样交托给其他人，自己只做心理咨询原本该做的事。这就是心理咨询中的“分工”。

## 承担多种角色的心理准备

像刚才所说的，我们身为心理咨询师总是在认真倾听并关注来访者的可能性，但如果我们发现有不安全的信号，妥善的处理方式是及时把它交托给他人。当然，真遇到这样的情况时，其实这样做并不容易。为什么这么说呢？就以日本目前心理治疗方面的状况来说，心理咨询师极度缺乏，不可能达到一个社区有三位以上心理咨询师，或者组成一个三到五人的个案治疗小组的要求。大家在学校做心理咨询工作，如果在咨询中遇到难题，动不动就推诿说：“这和我的本职工作没什么关系，我还是退避的好，以后的事就拜托你吧！”那么被你拜托的人绝对会心头窝火：“就是因为你最近做这些莫名其妙的心理咨询，才把个孩子弄得越来越不像话的。”这时如果你说：“我是想发展他的可能性，希望他有所成长，但现在看来情况有点让人担心，还请班主任老师您出面干预一下吧。”这样扔给别人，谁不生气才怪呢。不过，也有学校的体制的确如此，但如果对我以上所说的全部了解，并明了自己的职责所在，也就另当别论了。确实，很多时候心理咨询师只要做好自己的本职工作，根据来访者出现的状况让相应的他人负责就好，问题是日本目前的心理咨询还处于开拓时期，这一点希望大家能够理解。因此，面对这种情况，一个心理咨询师可能不得不承担起多种角色。我们既然在日本这个国家做心理咨询工作，就要有这种心理准备。我实际上就是这么干的，我并不是说这是个绝对好的方法，但就目前的状态来看，没有这样的决心很难做好心理咨询这个工作。

如果从根本上、理论上追究心理咨询的本质，那么正如我最初所说的，关注可能性的世界就是其主要工作，而就心理咨询师的实际工作而言，我认为却是非常多样且多变的。因此，我始终会实实在在地以来访者为中心，跟随来访者的脚步不断地改变、调整自己的方式和状态。

就以上述那个例子来说，当来访者和一个并不让人称许的女性恋爱了，并且还打算结婚的时候，相比他人，心理咨询师当然应保持等待观察的态度。当其他人说着“别这样做”“这样的恋爱还是快结束吧”之类的话时，心理咨询师却只是平静、耐心地听着。之所以这样做，是因为我们不知道其中会产生怎样的可能性。但现在非常现实的问题出现了，“我们某月某日要结婚”，面对这样的状况，我认为，即使是我们心理咨询师，也必须再次正视这个现实问题。无疑，心理咨询师更应该关注来访者内心世界的问题和变化，但我认为，从某种意义上来说，心理咨询师也承担着内在与外在沟通的桥梁作用。其根本的姿态，是在保持努力关注内在的同时，在最后的节点上，寻找到内在世界与外部世界的平衡。

这一点以第五章的案例来说，那个高中生毅然决定辍学就职时，我最后说了“我毕竟也有一半是按照世间常识来思考的人”的话，认为那个孩子还是去完成高中学业更好，这是一直住在那个孩子内心中的我，向外踏出半步时所说的话。但也有的时候，是我果断地站在外部世界，说出：“不这样做不行。”比如，那个孩子深夜外出，因拉拽别人的车门被警察抓时，我态度坚决地对他说道：“不行，这个你不能做！”我作为一个站在外部世界的人，非常明确地发出禁止的声音。这样做的时候，可以说脱离了心理咨询师的本职范围。

我想重申的是，心理咨询师在实际工作中，必须担当起各种角色和责任，即便这与心理咨询原本的设置有冲突。关于这方面，它可能会使心理咨询这个话题显得很是复杂混乱，所以我在进行心理咨询的时候，会极其慎重地考虑，我究竟应该触碰这个人内在的哪个部分呢？是和这个人的人格表层部分会一会，谈一谈，还是聚焦在更深处为好？我觉得可能要根据每个人实际状况的不同，来决定以哪种程度在哪个点“相会”为好。

## 控制咨询深入的场合

对于内在问题过于复杂、严重的人，心理咨询过程中在一定程度上做有意识的控制是理所应当的。因为稍不留神造成失控的话，会使这个人受到二次创伤。像这样一类人来做心理咨询，我们一般不会涉及通常常识所认为的深层次话题。有些人特地来接受心理咨询，说着“我特别恨我妈妈”，普通人会流着苦痛泪水说出的这句话，在这个人嘴里说来却是平常淡然。对于这样的来访者，进行深层次的内在话题的讨论是有危险的。这种时候，我会很努力地与对方进行浅表的交流，这种看似平淡、简单的交流，一样需要全神贯注，对于心理咨询的意义也同样不可轻忽。不过，如果大家听过这类心理咨询录音的话，我想大多数人肯定会因为太过乏味而昏昏欲睡的。“我妈妈好像快要死了。”“我想杀人。”……听到这样的话，大家会神经紧绷。但如果来的人一直啰唆不停地说，“今天，我们第一节课是国语”，或者是“第三节课是算数”“午餐的时候吃了什么盒饭”之类毫无内容的话，难免让人听着厌倦。

但是，心理咨询师如果能够清楚理解这些絮叨背后的意义,倾听就有了动力。这些人努力地说着,心理咨询师专注地听着,就在这个过程中,这些人的自我,或者说是自我的表层变得越来越强大,当这个自我的表层坚固之后,就有了进入内在的可能。我想,即使还不能向内探索,只是使外侧加固,就足以说明这个心理咨询是有意义的。

关于这类看似无意义对话的心理咨询,我举一个很典型的例子,这是我做过的一个心理咨询,来访者是位高中生。这个孩子每次来都会和我说历史的话题,真的让我印象深刻。他特地坐一小时的公共汽车来心理咨询室,然后坐在我面前说了些什么呢? 都是当天学习的历史课的内容。比如,大化革新[1]是怎么回事呀,天平时期的佛教造像[2]怎么样啊,我们的面谈几乎都是这类话题,而且有时他还会话说一半突然中断。有关历史的话题中断后,他就什么也不说,持续沉默着。然后他会问我:“老师,这本书我能看看吗?”我不假思索地说:“当然,请随便看吧。”于是,这个孩子就开始翻阅起来。在心理咨询室里我放着很多绘本,这个孩子看着这些书,又好像想到了什么:“老师,你看这里也有

1 公元645年(大化元年)6月古代日本发生政变,646年,孝德天皇颁布《改新之诏》,日本学习中国唐朝的律令制度,改革氏族首领控制土地和人民的体制,建立古代中央集权国家。大化革新初步完善了日本的统治制度,给日本历史带来了巨大变革,史称“大化改新”。——译者注

2 奈良时代(710—784),日本深受中国盛唐文化影响,又通过唐朝接受了印度、伊朗的文化,从而出现了日本第一次文化全面昌盛时期,这个时期也称为天平文化时期。在这个时期,日本文化与唐文化融合,不再是对唐文化简单模仿,佛教造像艺术也进入了日本的“黄金时期”。——译者注

佛像。”于是之前的话题就又开始了。如此这般,然后孩子就告别回去了。

像这种情况,如果我说:“在这里不能看书。”或者对于来访者的沉默也以沉默相待,是很不安全的处理方式,因为这可能会诱发出更加深刻的问题,而在这种场合出现深刻问题,我和这个孩子恐怕都一时难以承受。所以这个孩子不断谈论历史的话题,在我看来,他是在做着一件非常有分寸的、绝不会犯错的事情。不说爱憎分明的话题,因为这样清楚表明心迹的话题是危险的。比如说出自己喜欢或者讨厌的东西:“我很喜欢馒头。”那我可能会说:“不是吧,我觉得羊羹比馒头好吃多了。”这样一来,谈话就有冲突了。但是,说“大化革新是哪一年发生的”这类话题,就是我这边也说不出任何反驳的内容,这样的话题对这个孩子来说,意味着和一个成人一对一的平等对话,这个意义是巨大的。从考虑他来接受心理咨询究竟是为什么,到明白这个意义,我是花了好一番辛苦思量的。而事实上,这个孩子就在每次这样的谈话中,一点点地改变着,谈话的内容也有了少许的改变。我们从这一点上分明可以看到,即使是看似全然没有深度可言的谈话,从心理咨询的意义上来说,却可以说是完全有意义和有存在必要的。

## 浅显对话中也蕴含着意义

我最近感到特别是在面向初中生和高中生的时候,浅显的对话需要引起我们的注意。之所以这样说，是因为与这些孩子进行心理咨询时，有些孩子所谈内容的深度往往会让你大吃一惊。死亡的问题、爱情的问题……这些话题时不时地会出现在某些高中生的交谈中，让我出乎意料的是，他们的谈话听来也确实很有意思、很有价值（虽然我们只是倾听着而已）。也有的时候，来到你面前的高中生只和你说历史知识，或者说着“今天我在第三节课时吃了盒饭”“谁没有吃饭”等等，当你听着这些内容的谈话，可能会暗自着急，怎么不对我说些更有深意的内容呢？这样重要的一对一的面谈，怎么能就这么浪费呢？当你这样想着，感到不耐烦时，就可能在不知不觉中想把话题引向深入，而这样强行引导话题的做法就会招来失败。就我的经验而言，很多我们看来浅显的谈话内容，站在初中生、高中生的角度来看，却是对他们本人相当有深意的对话。而就是在这样的心理咨询谈话中，我遇到的很多学生重新振作了起来。

这种时候，我由衷感到这些孩子果然还是初中生、高中生啊，他们才刚刚开始伸展自己，我们需要做的，不是帮他们立竿见影地解决问题，或者是让他们发生人格变化，而应该是让他们不断地增强现有的自我，在这个过程中慢慢调整和吸收自我内在的可能性，当然，加固和增强现有的基础也具有不容忽视的意义。对于这种情况，可能从一般的常识来看，心理咨询好像并没有起到什么作用，意义不大，但这作为心理咨询师的工作，显然是至关重要的。

## 也有需要指点的场合

我们心理咨询师也会遇到给予来访者指点会更好的场合。有些时候,我们会说“这样做可能更好些”“这本书你可以看看”之类引导的话,大家可能会觉得这与我先前所说的自相矛盾。无条件地接受来访者所说的话,即使没有方向,没有价值也还是保持包容的态度,这与指点甚至教导对方,不是差异太大了吗?对于这一点,我想我们需要考虑的是,在实际咨询中,我和这个来访者究竟往哪个方向走,在哪个点上相交为好的问题。如果我无论如何也要先以这个人的自我增强为方向的话,那么我会说一些配合的话,也会给出一些忠告。而如果是想把更深处的那个点挖掘出来,那么不管对方说出什么话,我都要采取可以接受的、耐心等待的态度。所以说,我的咨询态度,是根据来访者的不同问题而改变的。这样对应来访者的问题恰当的调整态度,就特别需要我之前提到过的“观察”这个心理咨询技能。关于观察,我也做过各种思考。就像那个大谈历史话题的孩子,有一个引起我注意的地方是,这个孩子为什么特地大老远的坐公共汽车过来接受心理咨询,我相信他做这件事一定是有其含义的,这为我提供了精神上的支持。如果要在某个个案中预设咨询方向,那么我可能会说:“你看看这本书怎么样?”当我把这本书交给对方后,这个人下次没来,这就说明想用书本之类指点对方的企图显然是个失误。因为对于来访者而言，当他接过这本书，觉得老师给的书不读是不行的，但读了几页又觉得很无趣，如此这般，实在难以向老师交代，那么还是不要见面为好，索性就不去了吧。这也说明，心理咨询师的言行，都会在一定程度上对来访者产生各种影响，需要我们格外慎重行事。

意识到这样的失误后，该如何挽回呢？来访者接过书后，有段时间没来，当他下次见面还书时，心理咨询师可以用轻松的语气说："上次借给你的书，可能怎么也看不进去，所以来这里感到为难了吧！"来访者说："是的，是这样的。"咨询师说："不好意思，把我的意愿强加给你，是我的不对。"这样坦诚的对话，会让来访者清楚地知道，这个人果然是什么话都不介意的，什么话都可以不加掩饰当面说出来。那么来访者可能就会对你说："那本书对我实在太难了。"你可以回答说："哦，这样啊。"原本来访者为借了书却没有看而觉得这事做得不地道，有点想不了了之的时候，这样直接的对话，让他明白了心理咨询师的心思，也了解了心理咨询师是可以接受任何事情发生的。

总之，心理咨询师的工作是充满多元性的，就如第一章中所说："现在我所能做的最妥当的处理是什么？"我们将这个疑问常记心头，是必要的。

## 3. 达成自性化的合作

### 被打开的意想不到的发展

如果能够形成综上所述的咨访关系,那就真的是两个人共同完成一项工作的感觉。对于这样的状态,我经常会说的比喻是,就像两个人共同钓起了一条大鱼的那种兴奋心情。当大鱼浮出水面,“哇,看到了!”“好嘞!”或者是相互说“再深一点”“再浅一点”……这种时候,是谁、说了什么,已经不重要了,这就像最后捕到了鱼,谁都不会说这样的话:“这条鱼在我的网里,是我的鱼。”“不,最先看到的是我,是我的鱼。”因为这是两个人共同钓到的。这种时候,就不是看哪一方先做出声明的问题了。

这就好比我和哥哥一起去钓鱼,我不会因为哥哥年长,就看到鱼上钩了也不先说,这种情况下谁也不会认为沉默就好,先说了就是失礼,既然看到了就该说出来。同理,在心理咨询中,问题的解决,是因为来访者说出来了,还是因为心理咨询师的一句话,都并非关键。类似这种状态的时候,即使心理咨询师做了像“这样做”“那样做”的指点,这也不是因为来访者执行了心理咨询师的指点而得到的结果,而是鱼自己游过来了。因此,这种时候谁做了指点或者不做指点,大都不成其为问题。这种情况下,往往会发生意想不到的事情,非常有趣。就如同明明没打算钓上鱼却意外地鱼咬钩了,或者是在完全想不到的地方发现了鱼一样,有意思的事情自然而然地就发生了。

为说明这种情况,我说一下我的一个个案,来访者是位不愿上学的高中生。这孩子在我之前已经和多位治疗师见过面,所以来我这里的时候,对约定的时间格外遵守,每次都是10点钟响时他敲开门。因为如此准时,我对他说:"你真是特别准时啊!"他说:"我讨厌迟到。所以我到老师这里来,都是提前十分钟到,然后在附近散步,掐准时间进来。"这时,我不由说道:"那么你是从出生到现在从来没有迟到、缺席过的人吧。"随着我的这句话,这个人说:"是呀,我是从来没有迟到、缺席过……"当他说到这里,突然意识到,他不去上学,不就是一个一直缺席的人吗?因为我是脱口而出,对方也是随口应答,所以当我们意识到这点时,都觉得好生古怪,不由得面面相觑笑了起来。于是,我说道:"又迟到、又旷课,但去学校读到毕业的人,现在去了大学,而你这个一点也不迟到的人,却还在高中,这真是件很有意思的事呢。"

我之所以这样说,是因为我看到"鱼"浮出了水面。在那一刻,这个人注意到了自己的这种完美倾向。他过于追求完美所以他才无法去学校。假如休息了三天,对他就意味着必须把这三天的学习内容全部查阅完,不然就无法去学校。但三天的作业他用了五天才做完,接着这五天的作业他又必须全部做完,如此就造成了恶性循环。现在,他终于清楚地意识到，他想做完美的事情，其实却因此成了一个做着非常不完美事情的人。心理咨询中出现这样的瞬间，并不是我的意图决定的，而是在对话中不期然地出现的，并在我们的相视而笑中发酵新生的。对此，可能有的人会觉得既然这个人说了这些话，那么就可以直接指出："你是一个完美主义者啊。"但我觉得说什么"因为你有严重的追求完美倾向，所以才去不了学校"，这样的判断并无多大意义。在自然的交流氛围中突然产生的某一句话，往往更能让人犹如醍醐灌顶，在内心中引起真正的共鸣。

## 两者的自性化过程

在这样的时刻，我发自内心地感受到了从事心理咨询工作的乐趣。这个乐趣来自连我都不知道下一刻会发生什么的意外性。我说过好几次音乐指挥的比喻，记得维也纳管弦乐团来日本公演的时候，乐团演奏《维也纳华尔兹》，那个指挥手握小提琴，他在重要的乐段担任指挥，在某些部分又拉起小提琴参与乐队合奏，那种感觉完全是和整个乐队融为一体的。我想心理咨询也应如此。心理咨询师有全力以赴必须要做些什么的时候，也有像这样和大家一起合奏小提琴感受轻松愉悦的时候。虽然有人会认为心理咨询必须是深刻而严肃的，但我觉得，轻松的时候，两个人大可以轻松一下。正因为建立了这样良好的咨访关系，才有可能让来访者既可尽情发泄负面情绪，也能发现更多美好和快乐。

在此，我将心理咨询师比喻为乐团指挥，将来访者比喻为演奏者。确实，这两者会随着乐曲的激昂奔放或是宁静祥和，时而强劲时而柔和，合作完成一首乐曲的演奏，但如果以这个过程比喻心理咨询，那么我们不由会想，究竟谁又是作曲者呢？在第五章我所展示的案例中，从最初我和来访者的相见，到经过许多波折后迎来那样一个尾声，其间所发生的事情都是我从未曾想过的。我所做的，只是和来访者还有他的家庭一起，跟随着来访者合理地发展共同行动而已。不仅是我，就连来访者自己，也从没有预期会有那样的展开吧。这个乐谱既不是来访者所写，也不是心理咨询师所作，那么它究竟是谁创作的呢？我的思考是，这是来访者的"自性"写下的乐谱，是来访者自己也不知道的，却存在于其内心深处的——深深地存在于人心的中心，也是发展的可能性的中心的——"自性"所创作的。而心理咨询师如果想要读懂这个乐谱的意义，就要使他内心的那个"自性"也是始终运作着的。以这样的乐谱为基调，来访者和心理咨询师这两者该怎样演奏出华美的乐章，这就是心理咨询的过程，我想，这同样也是两个人的艰难的自性化的过程。

当我们以这样的视角看待心理咨询的时候，不仅可以看到来访者的人格变化，心理咨询师的人格也会发生改变。因此，我一直以来都认为，唯有说心理咨询是心理咨询师和来访者在通往自性化道路上的合作才是最为恰当的。

# 解说 像鹌一般

鹫田清一(哲学家)

“今天,医院里精神分析医生的诊断用椅子,被询问‘我是谁? 请告诉我’的人们的重量填满了。”1960 年,马歇尔·麦克卢汉(Marshall McLuhan, 1911—1980)在某次演讲中曾经这么说过。

从昔日的“心理咨询”,到今天的“心的疗愈”,越来越多的人正在寻求他人给予心理上的援助。有时候是当事人自身觉得有必要,而更多的时候是其身边的人觉得有必要。

共同生活的经营中,本应和谐的关系因为某人的缘故产生了摩擦,甚至有了对立或者冲突,这些都是生活的常态,但是当周围的人对某人的不理解,已经影响到相互关系的维系时,周围的人就会装作无意地开始“治疗”。人们通常只是进行言来语去的交谈,此时却希望有个人能够彻底担当“倾听者”这个角色,从语言的感触中刺探出“问题”的所在。而最终感到力不能及的时候,就会有充当类似通灵师这般角色的高龄者(大多是女性)出现,她们有时在人们的身旁竖起耳朵聆听他们“灵魂的震颤”,有时索性做起了代言人,并通过这种方式来达到某种“治疗”之效。

以往像这样倾听的角色,或者说是代言人,会由某个家族或是集团共同体的成员去担当,会有长者随意地指派道:“喂,你去听听,看看究竟是怎么回事……”

对于共同体具有的这种任意普通一员就可以充当倾听者或者代言人的(看不见的)力量,大家过去都习以为常,但随着社会组织形式向“近代化”发展,这种力量逐渐消失了。伴随社区、公司等的系统化,当初曾一度扩大的家族的责任和利益逐渐被淡化、放弃。与此同时,家族生活反而被社会系统化后的语言和行为模式、价值观念所波及,并深受其影响。这些社会中层组织的力量趋于弱化,而身处其中的我们,每个人都直接暴露在社会这个巨大的系统中。我们每个人的“灵魂”,就如同在这不具备“躯体”的匿名语言的网络之中,在这匿名的庞大系统之中四处漂浮。

可喜的是,在这个社会系统中诞生了一个关照人的“灵魂”的职业,这就是心理咨询师和精神科医生这样的专职工作。心理咨询这个工作,是以这种时代架构的巨大变化为前提的。它背负着“近代”这样一个时代所发生的社会结构变化。因此,在河合隼雄先生的这本心理咨询指导书中,除了详尽论述的心理咨询实际操作和具体场面以外,也可以映照出上述历史背景的浓厚色调。

河合隼雄先生是将临床心理学引入并确立于日本学科领域的标杆性人物。他著述临床心理学的理论并形成相关体系,推广心理咨询的技术,使“临床心理师”这个职业被社会所广泛接受。在临床心理学这条路上,这样的身姿透着固执,但他的言行举止却让人处处感受到他的豁达、开阔,总能予人特别放松、舒服的感觉。在他的演讲和讲座上被他的这种和缓如春风化雨般的态度所抚慰过的人,应该都会有内心桎梏被深深解除的感动。

然而，当和他近距离接触时，这种巨大的知性有时会给你留下好似鵺[1]一般的印象。说是近距离接触，其实并非一定要真人站在眼前，即便是在品读他的著作时，同样能在字里行间里被这种印象俘获。

形容他像鵺一般，不是指他的外在，而是指他率先投身并专心致力于心理咨询实务的态度。正因为这一点，他的叙述客观，充满了真实的感触。他真实地将在临床心理的现场既不能仅凭技术或方法，也不能任意发挥的这种感触，清晰地传递给了我们。

从第五章的“一个案例”开始，这本书为每个有志于从事心理咨询职工作的人，详尽地介绍了有关心理咨询的实际操作。

1　鵺，是《山海经》中描述的一种生物，状如雉，而文首、白翼、黄足。在日本传说中，鵺是一种类似于西方的“奇美拉”的妖怪，会判断人的善恶。出自《平家物语》，据描述它拥有猿猴的相貌、狸的身躯、老虎的四肢以及蛇的尾巴，叫声像虎鸫，没有翅膀却能飞翔。——译者注围绕着“自我”的存在和确立，河合先生提出了主体性、同一性、与他人的区别、整合性这四个特征，而重要的是，他特别在这些特征前加上了“某种程度”这个限制。这个“某种程度”的暧昧性，正是心理咨询的整个轮廓所特有的暧昧性，是其开始和结束所具有的暧昧性。河合先生对这个暧昧性重视至极。他那像鹓一般难以捉摸的谈话样子和使用的语言，仿佛就是布莱兹·帕斯卡尔[1]再生似的。

“他若褒扬了自己，我就会卑视他；他若卑视了自己，我就会褒扬他。总之，一直与他逆向而行，直至他明白自己是个不可理解的怪物为止。”（出自前田阳一译《思想录》）

比如，关于心理咨询该在什么节点结束的问题，河合先生是这样描述的：不无端拖延，不过于牵引，而要像呼吸一样自然舒缓。他还说，不要以为反省可以用来解决问题，更不

1　帕斯卡尔，17世纪法国数理科学家、思想家。《思想录》是其创作的哲理散文集，首次出版于1670年。全书集中反映了作者的神学和哲学思想。——译者注

要过度反省。读者可能会想,心理咨询不就是在绵长的时间中抓住某个瞬间的工作吗,话虽如此,但这确实是最困难的事。关于达成这个结果的背景,我们首先要承认心理咨询是属于来访者和心理咨询师"两个人共同完成"的一个庞大工作。在这两者之间会发生各种各样的进退拉锯,有时的交谈可能会让对方拉开距离,而在有的情况下,心理咨询师甚至不得不做出在某种意义上违反心理咨询原则的事情,因为"没有其他更好的方法,只能凭自己的感觉去试试了"(在第五章的案例中有很多这样的场景)。而在这个过程中,当"治愈"和"治疗"这两个契机能够恰好交汇并一致,两个人的工作才最终有了些眉目,那个瞬间也才会应运而生……

对于心理咨询即将结束时的得体应对,河合先生提出了这样的方法——向对方说道:"我觉得我们好像翻过了一座山呢!"这句话的含义是:"接下来如果你想翻越第二座山那么我们就继续,如果想在这里停下来,那么我们也可以止步。"在此,河合先生特别关注的是,心理咨询师不能为了满足自己的任性而迟迟不愿结束咨询，但也不能让心理咨询停滞不前，变成在泥潭里打滚“一起倒下”的结果。因为，说出“这样就可以了！”——心理咨询的结束——并不是心理咨询师单方面做出的判断和决定。

这本指导书并非操作指南式的，甚至可以说是反本本主义的。它提倡寻求自我超越的可能性，并在这个意义上追求“自性化”，同时警惕为了达到这个目标而过度强迫自己。对于懊悔与遗憾，态度的二律背反性与矛盾等，作者安慰说是“无可奈何的”，他细致入微的慰藉让人如沐春风。河合先生还通过具体的案例强调以为一切顺利的时候，也是最有可能发生不测的时候。

同样，即使他反复讲述了聚精会神地倾听，宽容地接受对方言谈的重要性，他也强调仅仅听取是不够的，有时刻意不听也很重要。比如在必要的场合，有时是冷言冷语，嘴上说的和心里想的全然不一；有时是故意摆出不听的样子，不理不睬；有时是故意岔开话题，转移方向……而不论怎样操作，最重要的是，在这样的进退与推拉之中，将两者的交往保持到最后。就如河合先生所说的，在“温和而严肃的关系”里，保持足够的忍耐，等待终究会来临的那个“巨大的波浪”。在这个“让时间来完成”之中是否就含有心理咨询的某种本质呢？这是阅读这本书带给我的思考。心理咨询进展至此，不可能是以心理咨询师的关心来推动，而是在看似无止境的循环往复中，等待时机，看清状况，把握“某种程度”，临机应变，处理好偶然……在这本书中，河合先生所要传递的，正是这种反操作指南化的实践心得。

我曾经与河合先生用了足足两天时间，就“临床”和“语言”做过交流和讨论。这些内容后来重新刊载于《临床和语言》（阪急通讯）中。那个时候，河合先生无法回答的问题和没有得到河合先生回答的问题，直至今日还深深留存在我的心中。一个问题是，在每次运用临床经验处理各种各样的偶然事件时，这些经验是如何与它作为一门学识的普遍性结合在一起的，也就是“临床的普遍性”的依据出自哪里的问题。

另一个问题是，关于人，关于文化，关于生态环境，我们被强调多元化的重要性的理论所席卷，但为什么对于人格而言多样性是禁忌，为什么“多重人格”被认为是一种病态，当我们在对谈中交流到这些问题时，河合先生好似陷入了沉睡一般，眉头紧锁，他长时间沉默的身影，至今还像烙在我的视网膜上一样清晰。现在，这些问题作为沉重的作业遗留给了我。

本书开篇谈及了“倾听”所蕴含的意义，在将近结尾处，论述了“等待”的才能。关于“倾听”，我很感谢河合先生对拙著《“倾听”的力量》的不吝指正，后续的《“等待”这件事》一书却再也无法到达先生手中。真想再次注视先生在阅读之后，弯着腰陷入沉思的身影。而想来那个身影也必定会立刻抬起脸，对我说道：“其实还想聊得再深入些呢！”

# 出版后记

河合俊雄

我的父亲河合隼雄，是第一个将荣格心理学正式介绍到日本的人，这套合集是他有关“心理治疗”的代表作品，此次为了一般读者的携带方便，以小型平装本的形式出版发行。2006 年 8 月父亲突然病倒，就这样昏迷不醒近一年，直到 2007 年 7 月故去，至少在意识上，他并没有做好死的准备。因而以他生前的工作方式，很遗憾，他几乎没有留下什么遗稿。他所留下的工作已经无法进行整理出版，于是现在这个合集的出版就含有了追悼的意味。

这套合集，从他的第一部作品《荣格心理学入门》开始，到他晚年所著的《心理治疗入门》为止，读者从中可以追寻到河合隼雄有关心理治疗的思考变迁的轨迹。《荣格心理学入门》一书，主要介绍他在欧洲学习到的心理治疗理论与方法，同样是初期作品的《心理咨询实务》则更多记载了他自己的体验，以及他身体力行的心理治疗的案例，因而更为本真生动。而父亲自成一体的对心理治疗的理解和实施方法，在他六十三岁从京都大学退休时所著的《心理治疗之路》中呈现出更多的自知和觉悟，这在他初期的作品中虽然已有端倪，但无疑后期更为鲜活。

所谓心理治疗，不论治疗师如何努力也要根据来访者这个他人的情形而定。父亲河合隼雄所提倡的心理治疗理论，经常是在与其他的学术进行不断的对话，与各种语境或背景的不同流派互相对照中展开，这也是荣格心理学派的特征。这些思考反映在《生与死的接点》中关于文化人类学和宗教学的见解，在《荣格心理学和佛教》中则是汲取了来自佛教的智慧。虽然他的心理治疗观很多时候与（自然科学式的）"科学性"不无分歧，但他从未停止对科学性的思考。他最后的著述《心理治疗入门》，涉及了意象、身体性、团体、叙事等各种与其他流派相关联的心理治疗，是收集《心理治疗讲座》这套八卷本丛书的卷首概要整理而成的，将未形成体系化的心理治疗以各种语境紧紧抓住，他的这种学术态度可以说是贯穿始终。

有关心理治疗著述的编辑工作，现在已经以小型平装本的形式出版,虽然没有任何一本有编辑上的难度,但仍旧不能保证网罗了他的全部作品。只是一般读者可以通过阅读这套合集,了解到河合隼雄对于心理治疗的思考方式的精髓。

关于著作版权的许可,非常感谢培风馆和诚信书房的理解。本套合集中,《荣格心理学入门》和《心理咨询实务》(之前诚信书房以《心理咨询的实际问题》为书名出版)由于对某些章节做了选录,对于希望了解更专业内容的读者,我强烈推荐培风馆和诚信书房出版的完整版本。同时,衷心感谢在百忙中痛快答应为各卷撰写解说的老师们,还有从策划到各种审核都多有关照的岩波书店的中西泽子女士。

2009年3月31日